一类非线性系统鲁棒控制方法研究

梁春辉　著

哈爾濱工程大學出版社
Harbin Engineering University Press

内容简介

针对探测器在小天体附近运动过程中的非线性特性，考虑系统不确定性和外界干扰及对探测器下降着陆过程安全性、准确性的要求，首先，研究了探测器动力下降段和最终着陆段的轨道控制方法，建立了具有鲁棒性和自适应性的控制方法，保证探测器成功绕飞、下降和软着陆；其次，研究了探测器动力下降过程的姿态控制问题；再次，研究了探测器软着陆过程中的姿轨耦合控制问题；最后，将所提出的鲁棒控制方法推广到一类典型非线性系统光伏直流微电网系统的建模和稳定控制中。

本书在数学基础、控制理论、工程应用、Matlab 仿真等方面，具有系统性和统一性，可供控制工程、探测制导与控制、电气工程等专业学生借鉴，亦可供相关专业或工程技术人员参考。

图书在版编目（CIP）数据

一类非线性系统鲁棒控制方法研究 / 梁春辉著. —
哈尔滨：哈尔滨工程大学出版社，2022. 12
ISBN 978-7-5661-3777-7

Ⅰ. ①一… Ⅱ. ①梁… Ⅲ. ①非线性系统（自动化）—
鲁棒控制—研究 Ⅳ. ①TP273

中国版本图书馆 CIP 数据核字（2022）第 247466 号

一类非线性系统鲁棒控制方法研究
YILEI FEIXIANXING XITONG LUBANG KONGZHI FANGFA YANJIU

选题策划 马佳佳
责任编辑 张志雯
封面设计 李海波

出版发行 哈尔滨工程大学出版社
社　　址 哈尔滨市南岗区南通大街 145 号
邮政编码 150001
发行电话 0451-82519328
传　　真 0451-82519699
经　　销 新华书店
印　　刷 哈尔滨市石桥印务有限公司
开　　本 787 mm×1 092 mm　1/16
印　　张 6. 25
字　　数 156 千字
版　　次 2022 年 12 月第 1 版
印　　次 2022 年 12 月第 1 次印刷
定　　价 42. 00 元
http://www. hrbeupress. com
E-mail:heupress@ hrbeu. edu. cn

前　言

小天体是指太阳系中除了行星和卫星之外的数不清的小行星和彗星,它们大部分直径在 100 km 以下。小天体的形成是与太阳系同步进行的,较好地保留了太阳系形成初期的物质。受空间太阳光压和大行星引力等影响,当运行轨道发生改变,小天体可能会接近地球甚至发生撞击,因此开展对小天体的探测和深入研究具有重要的理论意义和实际应用价值。

小天体距离地球较远,具有尺寸小、引力较弱及自旋等特点,探测器在绕飞、接近和着陆小天体过程中还会受到太阳光压、第三体引力等空间多种摄动力影响。所以探测器在小天体附近的动力学模型呈现显著非线性,不确定性和扰动加深了其动力学环境的复杂性。因此,具有典型非线性特性的小天体附近探测器运动的自主制导与控制技术是整个探测技术的关键。相比于月球等较大天体,小天体附近探测器运动的制导与控制具有一定的难度,研究成果还较少,目前有很多待解决的问题。比如小天体附近探测器所受到的不规则弱引力的处理和描述问题,探测器在小天体附近运动的轨道控制、姿态调整和姿轨耦合控制问题。探测器在小天体附近受到的系统不确定性和空间扰动增加了系统动力学分析及控制的复杂性,具有鲁棒性和自适应性的控制方法是保证探测器成功绕飞、下降和软着陆的关键技术。从国内外的研究现状来看,对于小天体附近探测器运动系统,很多学者从航天领域出发研究导航、轨道机动和设计、基于相对运动模型的轨道控制设计。然而探究探测器在小天体附近绕飞及下降着陆过程中的姿态和轨道耦合控制也是必要的,控制器设计过程中的自主性、鲁棒性和自适应性也是研究的重点问题。

本书针对存在模型不确定性和外界干扰时小天体附近探测器运动的轨道和姿态控制问题,进行了深入、系统的探讨和研究,全书的主要内容及研究工作如下:

1. 阐述了研究背景和研究意义,对小天体探测及小天体附近探测器运动的国内外研究现状及研究的关键问题进行了综述。

2. 利用牛顿运动定律和相对微分原理,推导出小天体固连坐标系下探测器下降过程轨道动力学模型;在此基础上,基于坐标变换思想推导出着陆点坐标系下探测器着陆过程轨道动力学模型;根据刚体复合运动关系和欧拉-牛顿法详细推导了探测器在自旋小天体附近运动的姿态运动学和动力学模型;最后根据执行机构的安装方式不同,得到了探测器在最终着陆段的两种姿轨耦合动力学模型表述方法。

3. 针对探测器在小天体附近运动过程中遇到的系统不确定性和外界干扰及对探测器下降着陆过程安全性、准确性的要求,研究了探测器动力下降段和最终着陆段的轨道控制方法。首先,参考 Apollo 登月任务设计燃料次最优多项式制导轨迹。其次,基于一类轨迹跟踪控制思想,针对探测器在小天体附近下降过程中遇到的不确定性和扰动,利用李雅普诺夫函数提出了带有补偿项的终端滑模控制器,采用自适应律估计系统不确定性和外界扰动上界的未知参数,使探测器在有限时间内跟踪期望制导轨迹到达天体表面某一高度,并具有全局鲁棒性。最后,考虑到探测器在小天体附近最终着陆时遇到的外界干扰并保证着陆过程的安全性,基于动态平面控制思想,结合传统的反演技术,设计鲁棒跟踪控制策略,使得探测器的位置和速度达到期望轨迹,安全降落到着陆点附近,并使控制算法简单快速。

4. 探测器绕飞过程中要对目标天体进行形状和参数的观测,但是小天体不规则引力、天体自旋、空间不确定性和扰动的影响可能会破坏探测器的绕飞过程从而导致探测任务失败,针对以上问题研究了探测器绕飞自旋小天体的姿态控制问题。首先,以简化的探测器姿态动力学模型为对象,分析了探测器在小天体附近绕飞过程中的三维姿态运动与转动惯量和轨道半径等参数的关系,应用赫尔维茨稳定判据得到探测器绕飞的稳定条件。其次,考虑天体自旋、空间不确定性和干扰力矩,设计了鲁棒反演滑模姿态跟踪控制律,采用自适应更新律估计未知扰动的上界,使探测器三轴姿态欧拉角达到期望值,实现稳定绕飞。

5. 针对传统滑模控制存在的抖振和探测器动力下降段对姿态调整的要求,研究了探测器动力下降过程的姿态控制问题。首先,给出动态滑模的定义和任意阶动态滑模的设计步骤及思想。其次,设计双环滑模控制器,其中外环回路采用二阶动态滑模,而内环回路采用一阶动态滑模,利用控制器的积分项消除了抖振;并采用自适应律在线估计复合干扰的上界,有效抑制其影响,实现姿态角的稳定跟踪。最后,针对探测器可能受到的较强干扰影响,设计双环滑模控制器,采用非线性干扰观测器在线观测内环回路受到的外界扰动,对于干扰观测器的估计误差,采用自适应律在线获得上界并设计补偿项,保证系统的鲁棒性。

6. 为了保证探测器准确、安全地最终到达小天体表面附近,探测器运动的位置和姿态需要快速地同时满足高精度的控制要求,针对以上问题研究了探测器软着陆过程中的姿轨耦合控制问题。首先,考虑执行机构配置方案能够保证有足够的控制维数提供相对位姿变化所需要的控制,提出一种基于反演的六自由度鲁棒自适应模糊控制策略,采用模糊系统逼近系统不确定性和扰动引起的部分模型,并采用自适应律在线更新模糊系统的最优逼近参数,使探测器位置和姿态同时跟踪期望的轨迹,并保证系统的鲁棒性。其次,为实现快速的轨道机动,往往在探测器本体上仅配置一台大推力轨道发动机。针对这种执行机构配置方案所引起的控制器设计中存在的非线性问题,结合反演思想和三角函数变换方法,并考虑系统受到外界扰动影响,提出了鲁棒姿轨耦合控制律,保证探测器在最终着陆时相对着陆点的位姿为期望值。并证明了所提出的闭环系统的李雅普诺夫稳定性。

7. 将所提出的鲁棒控制算法推广到一类典型非线性系统稳定控制技术中。基于反馈线性化理论,研究了一种用于双向 DC/DC 变换器直流母线电压控制系统的滑模控制器,用于快速跟踪直流微电网中的功率干扰,对系统参数变化和外部干扰具有良好的鲁棒性。

最后,总结本书的内容,并结合笔者在小天体自主制导和控制、鲁棒控制和自适应控制等方面的研究心得,做出了对未来的研究展望和下一步的工作计划。

本书由梁春辉副教授撰写。本书在撰写过程中,得到了部分研究生的支持和协助,他们校对了全书并绘制了部分插图。

对于书中存在的疏漏和不足之处,恳请广大读者不吝指正。

著　者

2022 年 9 月

目　　录

第 1 章　绪论 …… 1
1.1　课题研究背景及意义 …… 1
1.2　小天体探测综述 …… 2
1.3　小天体附近探测器运动及控制的关键问题 …… 5
1.4　主要研究内容及章节安排 …… 9
第 2 章　小天体附近动力学建模 …… 12
2.1　引言 …… 12
2.2　基本坐标系 …… 12
2.3　小天体不规则弱引力描述方法 …… 14
2.4　小天体附近探测器运动模型 …… 17
2.5　本章小结 …… 24
第 3 章　考虑不确定性和扰动的探测器下降着陆轨道控制 …… 25
3.1　引言 …… 25
3.2　基于自适应 Terminal 滑模的探测器下降制导与鲁棒控制 …… 26
3.3　基于动态面的探测器精确软着陆制导轨迹鲁棒跟踪控制 …… 35
3.4　本章小结 …… 40
第 4 章　探测器运动姿态自适应鲁棒控制 …… 41
4.1　引言 …… 41
4.2　探测器绕飞姿态稳定性分析 …… 42
4.3　探测器绕飞不规则小天体姿态稳定跟踪控制 …… 45
4.4　探测器下降姿态自适应鲁棒跟踪控制 …… 51
4.5　本章小结 …… 64
第 5 章　考虑执行机构配置的探测器软着陆小天体鲁棒姿轨耦合控制 …… 65
5.1　引言 …… 65
5.2　基于反演自适应模糊的探测器姿轨耦合六自由度同步控制 …… 66
5.3　欠驱动探测器软着陆鲁棒姿轨耦合控制 …… 73
5.4　本章小结 …… 80

第 6 章　基于反馈线性化的直流微电网母线电压滑模控制 …… 81
6.1　引言 …… 81
6.2　直流微电网的结构与模型描述 …… 82
6.3　基于反馈线性化的直流微电网母线电压滑模控制 …… 83
6.4　仿真分析 …… 84
6.5　本章小结 …… 86
第 7 章　总结 …… 87
参考文献 …… 89

第1章 绪　论

1.1 课题研究背景及意义

对遥远宇宙的好奇与渴望一直驱动着人类向太空迈出探索的步伐,近年来随着人类社会经济、科技的发展和多个国家探测任务的成功实施,深空探测已逐渐成为航天领域的热点之一。包括对小行星和彗星等小天体的科学探测是深空探测任务的重要组成部分,因为小天体具有尺寸小、形状不规则、质量分布不均匀及引力较弱等特殊性质,且内部具有高温高压,其探测意义已受到美国、日本等航天强国的重视。开展小天体探测具有非常重要深远的意义:首先,小行星物质的演化速度慢,较好地保留了太阳系刚形成期的物质,通过研究这些早期残留物质可以为研究太阳系起源和演化提供重要的信息及线索;其次,通过探测小天体掌握其轨道演化机理,可以防御某些近地小天体对地球的撞击威胁,避免对人类文明导致毁灭性的危害;最后,某些近地小天体上可能含有丰富的矿产资源,所以开发和利用小天体资源可以缓解地球资源的紧张,减轻地球因资源开采造成的环境污染。

目前实现探测器安全下降到目标小天体附近并准确地降落到其表面,完成科学探测任务并成功采样返回地球是十分困难的,针对这方面的问题有许多关键技术需要解决。小天体探测任务与月球等较大天体的探测过程相比有着本质的不同和难度,探测器航行距离远、时间长,并且与地面站通信存在较大的延迟,探测器在飞行过程中还需要进行轨道转移、轨道保持及轨道控制等一系列运动。探测器在小天体附近的运动还会受到不规则引力、自旋、空间光压等各种复杂摄动力影响,另外小天体表面特征使探测器着陆过程持续时间较短且精度要求高。因此,小天体附近探测器运动是非常复杂的,运动过程中的自主制导与控制技术成为小天体探测的关键技术之一,探测器运动过程中的控制方法必须具备较强鲁棒性和自适应性,用来处理包括不规则引力和复杂地形在内的多种不确定性及外扰动。开发先进的制导与控制方法,是小天体探测技术研究的重点,其技术水平直接关系着探测任务的成功与否。

探测器在小天体附近的运动在本书中是指探测器在自身敏感器探测范围内相对于目标天体的运动,包括绕飞、动力下降及着陆等阶段。开展探测器在小天体附近运动的控制技术的研究能够实现探测器成功着陆和采样返回,是航天科技发展的重点和难点,能够体现一个国家的综合国力和科技水平。其研究内容涉及较广,具体包括不规则引力模型表述、天体力学、探测器轨道与姿态控制、鲁棒控制等多个学术领域。本书以探索不规则小天体附近探测器轨道和姿态动力学建模、控制新理论和新方法为主要目的，重点研究小天体附近探测器动力学模型表述，探测器相对小天体位置的轨道鲁棒控制、探测器本体的姿态鲁棒控制及姿轨耦合鲁棒控制。本书的研究有望为解决小天体附近探测器运动模型、制导与控制等相关问题提供新方法和新途径，为我国小天体探测任务的总体分析和设计提供必要的理论基础，因此本书的研究具有重要的理论研究意义和工程应用价值。

1.2 小天体探测综述

1.2.1 小天体探测任务的历史及现状

近几十年来，随着深空探测技术的发展，人类已经向遥远太空中的小天体发射了多艘探测器，目前还有正在实施和规划中的小天体探测任务，表 1.1 给出的是近几年包括美国、日本等航天大国对小天体探测的基本详情。开展小天体探测成为各航天大国深空探测的一项重要任务，综合体现了一个国家在深空测控技术、深空轨道优化设计及探测器自主导航、制导和控制等方面的技术实力。

表 1.1 部分小行星、彗星探测任务概况

探测机构	名称和时间	目标星	任务
美国国家航空航天局（NASA）	Galileo（1991 年）	Gaspra Ida	飞越，探测星体大小、形状、陨击坑特征
	NEAR（1996 年）	Mathilde Eros	飞越和绕飞，进行多谱段拍摄以获取其物理信息；测量其物理性质、地质特征和矿物分布等
	Deep Space Ⅰ（1998 年）	Braille	测试太阳电推进系统和自主导航系统，飞越小行星，探测其大小、形状、表面特征
	Stardust（1999 年）	Annefrank	飞越
欧洲航天局（ESA）	ROSETTA（2004 年）	彗星 67P/Churyumov-Gerasimenko	对其进行绕飞，并释放着陆器在彗星表面，对其进行长期监测
日本宇宙航空研究开发机构（JAXA）	HAYABUSA（2003 年）	Itokawa	对新技术进行演示验证，并采集该星体表面岩石样本返回地球
JAXA&ESA	HAYABUSA-Ⅱ（2014 年）	近地小行星 1999JU3	进一步验证近地小天体探测过程中的相关技术，并通过爆破设备采集小行星地下深层样本

最早的小天体探测活动是1991年NASA的伽利略号探测器在探测木星的同时近距离飞越了两颗小行星(951)Gaspra和(243)Ida,获得了相关星体的基本表面特征,包括星体大小、形状、陨击坑特征等。随后NASA又于1996年2月17日向小行星Eros433发射了NEAR Shoemaker探测器,该探测器在1998年12月21日未能实施原定的轨道修正,2000年12月14日进入近一年的绕飞轨道。最后在2001年12月12日NEAR Shoemaker成功登陆小行星Eros433,进行了实质性的探测和小天体信息获取。后来,美国又先后组织了多次探测小行星的任务,并出台了空间探索计划、陆续计划,执行了深度撞击计划、新地平线计划、黎明号探测任务等项目,对水星和主带小行星进行了探测。其中,2005年实施的深度撞击计划的任务是探测彗星Tempel 1,发射小型撞击器撞击该星,并对弹坑的形状、深度、喷出物进行测量,之后通过地球引力辅助,飞越彗星Hartley 2进行探测。2006年的新地平线计划探测任务是探测矮行星(134340)Pluto及其卫星Charon、Nix、Hydra、S/2011 P 1和S/2012 P 1,并在完成之后,尝试飞越一颗或多颗柯伊伯带天体。而随后2007年的黎明号探测任务先后探测位于主带内的两颗矮行星Vesta和Ceres,通过比较观测,形成关于太阳系起源的新观点。

JAXA于2002年发射"隼鸟号"MUSE-C采样返回探测器,并于一年后到达近地小行星1989ML。由于该探测器具有自主导航制导和控制系统,保证安全到达并交会对接小天体。接着2005年JAXA将MUSE-C重新命名为HAYABUSA,发射到太空探测小行星25143 Itokawa,开始未能按预定方案着陆小行星,11月20日"隼鸟号"自身的小行星着陆也未获得成功,直到11月26日该探测器才成功地着陆到达小行星表面,对新技术进行演示验证,并采集该星表面岩石样本,于2010年返回地球。2014年JAXA开展了HAYABUSA-Ⅱ的探测计划,对1999 JU3小行星进行样本采集,进一步验证近地小天体探测过程中的相关技术,并通过爆破设备采集小行星地下深层样本。

欧洲的小天体探测计划主要有ESA的"地平线2000计划"。ESA相继在2003年和2005年发射了"火星快车"和"金星快车",并且都在几个月后到达目标星体,这两项任务对火星和金星进行了高质量的科学观测。"罗塞塔号"(ROSETTA)计划属于ESA的"长期空间科学计划","罗塞塔号"探测器对彗星67P/Churyumov-Gerasimenko进行绕飞,并释放着陆器在彗星表面,对其进行长期监测。该计划的科学目标是研究彗星的起源、彗星物质与星际物质间的关系和与太阳起源的联系。"罗塞塔号"探测器是迄今为止欧洲最先进的科学探测器之一,它所携带的着陆器是第一个在彗核表面进行软着陆的飞行器。近年来,ESA发布了近地小行星的探测计划,如SIMONE、ISHTAR和Don Quijote等,针对未来的近地小行星防御进行一系列的新技术演示验证,包括绕飞、释放表面探测器、通过撞击小行星改变其轨道等。

目前,我国的深空测控能力与美国和欧洲国家相比还有很大的差距,目前探月工程已经启动,嫦娥探月一期工程已经成功实施,同时明确地将着陆与返回设立为二、三期工程目标,后续的深空探测目标将是大行星和小行星。中国国家国防科技工业局于2012年12月15日发布消息称,"嫦娥二号"卫星于12月13日飞离日地拉格朗日L2点195天后,已成功飞抵距离地球大约700万km远的深空,并以10.73 km/s的相对速度与国际编号为4179的图塔蒂斯Toutatis小行星擦身而过,首次实现中国对小行星的飞越探测。"嫦娥二号"此次再拓展试验的成功实施,使中国国家国防科技工业局成为继 NASA、ESA 和 JAXA 之后第四个实施小行星探测的组织。

上面只列举了几个代表性深空探测机构已经实施和计划实施的小天体探测任务,可以看出各国都已经逐步意识到深空探测任务尤其是小天体探测任务的实施对航天技术发展的推动力及对科学探索空间的重大意义,并积极地发展自己的深空探测技术。同时这些已经成功执行的小天体探测计划也将对未来的深空活动的深入开展产生深远的影响。下面具体介绍探测器从地球发射后到达小天体附近的运动过程及相关技术发展现状。

1.2.2 小天体附近探测器运动概述

探测器从地球发射后,一般情况下会经过停泊分离段、星际巡航段、接近交会段、绕飞探测段和下降着陆段,最后接近或着陆遥远的目标小天体,探测器在整个飞行过程中存在航行距离远、时间长等特点。

当探测器进入绕飞小天体轨道后,利用自身携带的科学有效载荷可以对目标天体进行观测,通过不断获得目标天体附近空间环境及其表面物质类型的组成特点,来获取小天体表面近似三维立体影像,确定小天体形状、大小和密度等物理参数。探测器一般要在绕飞半径为几十千米的轨道内运行几十天。探测器绕飞不规则小天体的轨道和姿态运动分析及稳定控制是具有一定特殊性的课题, 复杂的动力学环境与小行星的黄道、形状、旋转及密度等都有关系。

在绕飞小天体阶段完成科学观测后,探测任务要求探测器能够接近小天体表面以便对其进行更高精度的考察,乃至最终着陆小天体表面并采样返回。在脱离绕飞轨道经过霍曼转移飞向小天体表面过程中,探测器在距离小天体表面十几到几十千米时,制动发动机开始点火进入动力下降段,此时探测器获得相对小天体固连坐标系的状态及导航信息。随着相对位置的下降,探测器不断降低速度,同时利用光学相机与激光测距仪等载荷获得相对着陆位置的信息,并导引探测器到着陆区域。此时探测器将进入最终着陆阶段,在该阶段依靠传感器确定探测器在着陆点坐标系下的位置、速度和姿态等信息,以完成安全、平稳的软着陆。本书所研究的探测器在小天体附近运动主要涉及以下过程:首先探测器在绕飞轨道经过姿态调整获取目标天体数据;其次在天体引力和控制力作用下进入动力下降阶段跟踪标称轨道,进行轨道控制和姿态调整;最后到达天体表面附近时着陆精度和机动性要求进一步提高,还需要对最终着陆过程进行姿态轨道耦合控制,使探测器安全着陆到天体表面预设着陆点附近。

由于各个探测阶段的动力学环境会有所不同,任务目标、观测条件及运行轨迹等也会有较大差异,所以需要根据具体情况采用不同的制导和控制方法。其中圆轨道上的绕飞探测段、经过霍曼转移后的动力下降段和最终着陆段是探测器在小天体附近的较近距离运动,所处的动力学环境更为复杂,研究的关键问题更具挑战性,本书主要以这三个探测阶段为背景,研究相关的轨道和姿态控制问题。

1.3 小天体附近探测器运动及控制的关键问题

总的来看,针对小天体附近探测器运动及控制的研究主要集中于小天体附近不规则弱引力模型表述、探测器与小天体相对位置的轨道控制、探测器本体坐标系与参考坐标系的相对姿态控制及软着陆姿轨耦合控制等几个方面。

1.3.1 不规则小天体弱引力建模方法

小行星、彗星等小天体由于质量和体积相对很小,其自身引力不足以克服固体应力使之成为球形,所以对外往往呈现不规则的形状,并且小天体表面因为陨石的撞击会出现陨石坑。也有研究表明,长期的空间风化作用致使多数小天体的内部结构也不是整块的致密岩石,而是由许多碎石在其引力作用下聚集成的堆状结构。以上所述内外因素共同导致了小天体附近的引力场是极不规则的,因此也加大了小天体附近探测器运动分析和控制的复杂性。随着计算机和深空探测技术的发展,比较精确地表述小天体附近不规则弱引力场模型是必要的并且逐渐成为可能,也为后续动力学分析和控制器设计奠定基础。到目前为止,常用的小天体不规则引力场建模方法主要包括级数展开法和形状逼近法两大类。其中级数展开法又包括球谐函数展开和椭球谐函数展开两种,而形状逼近法可以逼近为三轴椭球体和多面体形式。

1. 三轴椭球体逼近法

三轴椭球体逼近模型相对最为简单,该方法首先将小天体近似为三轴椭球体,其中三个主轴长度可由天文观测获得,进而可以求出小天体的体积,然后通过光谱分析确定小天体的密度。在获得上述数据后,就可以应用椭球积分或其他近似方法求出三轴椭球体的引力势能和引力加速度。

三轴椭球体逼近法的优点是算法简便并且计算量较小,同时计算小天体引力场模型所需的信息可由天文观测获得,并且三轴椭球体模型也可以大致反映出小天体引力场的特点,所以学者在前期的研究工作中曾广泛使用该方法。该方法的缺点与球谐函数法类似,即引力势能和引力加速度存在较大的误差,计算结果不够精确。

2. 多面体逼近法

利用多面体模型近似表示某个天体引力模型的方法最早应用在地球物理科学领域。20世纪90年代中期,Werner等提出应用多面体模型逼近小行星形状,假设多面体密度均匀,导出了多面体附近势能、引力和引力梯度的闭合表达式,并将多面体方法成功应用于此后的多次小行星探测任务的轨道分析与设计中。多面体模型就是用一个表面由一系列三角形构成的多面体来逼近小行星形状,通过得到的多面体模型,利用积分变换求出多面体模型的引力势能和引力加速度的具体值。图1.1给出了近似的小行星Eros433的多面体模型。

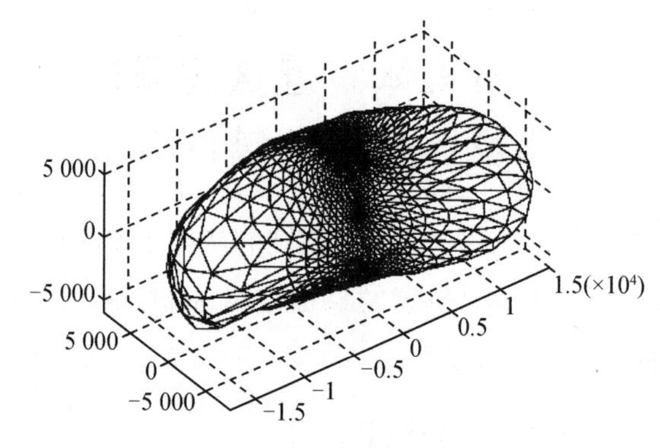

图 1.1 小行星 Eros433 的多面体模型

小天体大致图像信息一般可以通过地面天文观测或在执行掠飞任务时拍摄得到,如果小天体的容积和密度给定,引力计算误差仅仅来源于模型误差,因而该种方法具有较高的精度,并且可以通过提高小天体形状模型的近似度来提高引力场的计算精度。另外,该方法存在的计算误差与所检验点到小天体质心的距离无关,特别是在接近小天体表面时,该方法依然可以保持相对较高的精度。以上优点使多面体方法在小天体探测任务中得到了比较广泛的应用。而多面体方法的缺点主要体现在以下方面:首先由于小天体内部结构、组织成分都不均匀,所以均匀密度的假设显然不符合真实情况;其次该方法不能像其他方法一样写成统一的解析表达式,所以多面体逼近法用于研究小天体表面的运动和控制会存在困难。

3. 球谐函数展开法

Byerly 在 19 世纪末提出用傅里叶级数来逼近天体引力势函数,后来有学者在 20 世纪 60 年代建立并完善了球谐函数模型理论,该方法目前已经成为天体力学领域中任意天体引力场建模的主要方法。

球谐函数形式的优点是表述简单、计算效率高,并且引力势能和引力加速度易于解析表达,便于进行轨道分析和控制研究。另外可以很方便地根据绕飞轨道数据确定中心天体的各阶次球谐系数而不用考虑中心天体的形状和质量,因此用该方法获得的引力场模型具有一定的精度。除此之外,应用球谐函数模型可以分析中心天体非球形引力项对探测器轨道的影响,甚至可以求出受摄轨道运动的解析解。

球谐函数模型的主要缺点是小天体附近区域内的引力结果存在较大误差,因为该形式只给出了无穷级数的截断级数展开式来逼近中心天体的引力势能,实际计算中只取有限项,且截断误差随检验点与小天体间距离的减小而增大,将导致在参考半径以内该方法不再收敛。另外由于小行星形状相当不规则,当探测器位于小行星最小球体之内时,无论多少阶次的球谐函数展开式,都无法由该方法计算小天体的引力势函数。因此,对于小天体着陆、近距离盘旋等情况,通过球谐函数模型给出的引力势能与引力加速度都不够准确。

4. 椭球谐函数展开法

与球谐函数模型类似,该方法于 1955 年由 Hobson 提出使用 Lamé 多项式来逼近中心天体的引力势能,采用一组椭球谐系数来描述中心天体的不规则形状与质量分布。在小天体表面附近区域内,椭球谐函数展开式依然能够收敛,大于球谐函数模型的收敛域。该方法在小天体着陆、近距离绕飞等方面得到了一定应用。

但椭球谐函数模型算法较为复杂、计算量偏大,故其应用不如球谐函数模型广泛。Dechambre 和 Scheeres 在 2002 年开发了一种通过球谐系数计算椭球谐系数的方法。

1.3.2 小天体附近探测器运动的轨道控制方法

受小天体自旋、不规则弱引力等特殊空间环境及太阳光压等各种空间摄动力的影响,探测器与小天体相对位置的轨道运动面临的动力学环境非常复杂,自主控制技术应尽量减小小天体不规则引力摄动和其他扰动带来的影响,使探测器以较快速度和较高精度下降到天体附近某一高度并垂直到达目标着陆点附近。目前的制导研究中大多借鉴着陆月球过程采用的标称轨道方法,即预先确定一条着陆轨迹,然后根据探测器的位置和速度等测量信息与这条标称轨道进行比较,设计具有鲁棒性的轨迹跟踪控制律使探测器跟踪标称轨道。而这种制导方法的精度会受初始偏差、小天体自旋及空间摄动力等不确定性和扰动的影响,这时为了使探测器安全地实现近距离运动并以较高精度降落到小天体表面附近,具有自主性、鲁棒性和自适应性的闭环轨道制导控制方法是小天体探测任务的关键技术之一。

De Lafontaine 早在 1992 年就针对 Comet Nuclus 采样返回任务设计了自主的导航制导和控制系统,采用开环慢速下降的控制方法以保证下降和着陆的精确、安全。Guelman 等考虑引力影响,针对能量受限,电推进探测器设计了燃料最优垂直自由下落的控制方法。McInne 等用轨道器作为参考产生视线方向,着陆器沿着视线引导到期望的着陆位置,对软着陆小天体的视线制导律进行了初步的研究。Liaw 等将探测器着陆小天体过程转化为轨迹跟踪问题,提出应用变结构理论设计跟踪控制律,通过构建时变边界层使跟踪性能达到指数收敛速度。Broschart 等提出了一种以自由下降方式使探测器降落到目标着陆点的控制方法,并对该方法进行了误差分析。为了抑制小天体不规则引力场模型误差和外部扰动,Li 等给出了一种利用 PD + PWPF 方法控制探测器跟踪规划轨迹的下降制导方法。John M 等提出了模型预测算法,针对下降过程中可能遇到的控制输入和引力等相关状态,将标称轨迹设计转化为二阶凸规划问题,并采用状态反馈方法跟踪标称轨迹。Hawkins 等提出了三维制导律,在三维球坐标下建立方程,用变结构控制跟踪期望轨迹。近年来 Zexu、Furfaro 和 Lan 等先后将滑模控制及其改进方法应用到探测器着陆小天体的轨道控制中,实现了探测器在有限时间内着陆到小天体表面的预设着陆点。

哈尔滨工业大学深空探测技术中心在国内最早研究探测器下降着陆不规则小天体的轨道控制。在后续的研究中该技术中心高艾等基于着陆过程中约束规划问题,设计了小天体接近段鲁棒预测控制方法,崔平远等总结了小天体附近轨道动力学和控制的现状及前景。另外,其他课题组李慧等针对着陆小天体控制过程中的振动问题设计了变指数趋近律滑模变结构控制方法抑制控制抖振,刘克平等将探测器下降过程分为两部分,分别进行 PID 和 Terminal 滑模连续控制。目前国内外学者提出的探测器着陆不规则小天体轨道控制方面,大部分是针对距离较近的最终着陆段的任务特点,小天体不规则引力基本是采用球谐函数法,并且较少考虑外界扰动影响,更没有分析外界扰动上界未知的自适应控制问题,这些是本书主要考虑和研究的问题。为了保证探测器下降着陆小天体的精确性和快速性,有限时间轨道控制方法依然值得深入研究。

1.3.3 小天体附近探测器运动的姿态控制方法

如前所述,研究相对位置的轨道控制问题是考虑探测器和小天体距离的相对运动,基本上把二者都看作质点而不考虑探测器姿态。而探测器在绕飞小天体过程中的姿态指向及下降着陆段的姿态调整也是保证探测器安全着陆的关键技术。本书研究的探测器姿态控制问题是指姿态稳定控制,即通过执行机构产生控制力矩,克服作用到探测器上的各种干扰力矩,最终实现指定姿态轨迹的稳定跟踪。空间航天器的姿态系统是非线性、多输入多输出的耦合系统,姿态稳定控制问题已经相对比较成熟,国内外众多学者提出的航天器姿态稳定控制方法主要包括经典控制方法、现代控制方法以及鲁棒控制方法等。20 世纪 70 年代末,Wertz 等对当时航天器姿态确定和控制的各类方法进行了总结,利用频域法和根轨迹法详细阐述了姿态控制系统的设计方法。章仁为对卫星稳定控制系统的设计也做了较详细的总结。针对系统不确定性和扰动问题,Hervasl 等结合 LQR 和滑模变结构方法设计了小卫星三轴稳定控制器;Byun 等针对空间站模型中存在的参数不确定性情况,利用 H_∞ 理论设计了正常飞行模式下的姿态控制器。近年来,国内外一些学者参考空间航天器姿态系统研究了月球探测器软着陆过程中的姿态稳定控制问题。张镇民等针对小型月球探测器三轴姿态高指向精度和高稳定度的要求,采用欧拉动力学和四元数方法建立了姿态动力学模型,并给出了拟 PD 姿态指向控制律;王寨等基于伪速率调制器的原理,提出了利用脉宽调制器替代伪速率调制器实现姿态控制的方法,并针对三种不同干扰力矩,对探月飞行器变轨时的姿态进行控制。

小天体距离地球较远,附近引力场不规则,加上天体自旋、第三体引力和太阳光压等空间摄动力影响,所以探测器在小天体附近运动的姿态动力学和控制相对比较复杂。Riverin 等得出小天体不规则引力场和自旋状态对探测器的姿态运动稳定性有较大影响;Misra 等在后续的研究中找到了探测器在不规则小天体附近圆轨道和椭圆轨道绕飞的谐振半径,分析了轨道半径和天体自旋角速度等对绕飞稳定性的影响;Kumar 用拉格朗日法建立了探测器绕飞小天体三维姿态动力学模型并分析了稳定性,用经典控制理论方法实现了姿态稳定控制;Mahmut 等基于李雅普诺夫分析法设计了绕飞小天体的轨道和姿态反馈控制;Liang 等分析了探测器在小天体附近绕飞的稳定性,研究了轨道半径对绕飞姿态的影响,并进一步考虑了空间扰动影响后,采用自适应反演滑模方法进行了姿态稳定控制;Wang 等近年来对小天体不规则引力力矩进行了一系列研究,得到了引力力矩与转动惯量的关系及解析的四阶引力力矩展开模型,并分析了不规则性对探测器绕飞过程中稳定性的影响。可见由于小天体附近环境动力学的复杂性,目前国内外对小天体附近各个阶段的探测器姿态运动分析及姿态控制研究还较少,尤其很少考虑外界不确定性和扰动的影响,所以探测器绕飞和下降着陆小天体的姿态运动及鲁棒控制和自适应稳定控制是本书的主要研究方向。

1.3.4 小天体附近探测器运动的姿轨耦合控制方法

探测器在小天体附近最终着陆阶段,为了保证探测任务的安全准确,对探测器的相对位置和相对姿态均有要求,即探测器着陆时相对着陆点的距离和速度均为零,这时有必要充分考虑轨道动力学和姿态动力学之间的耦合作用,设计统一的联合控制律,同时调整航天器的相对位置和相对姿态。与姿态控制研究现状相似,目前对空间航天器的姿轨耦合控制已经取得了一定的进展,Pan 等推导了编队飞行卫星的位置和姿态耦合动力学模型,并基于李雅普诺夫理论设计了自适应的非线性控制器;彭智宏等、王剑颖等在偶四元数的模型框架下设计了用于航天器空间目标逼近的姿轨耦合控制器;Wu 等设计了变结构的跟踪控制器,用以优化编队航天器六自由度跟踪控制时的推力矢量;吴锦杰等针对欠驱动的非对称航天器,基于矩阵广义逆和空控制向量提出了广义的滑模控制器,以实现相对姿态欠驱动控制的渐近稳定,并设计了姿轨耦合跟踪控制器;张烽根据控制机构的配置方案,建立了航天器姿轨耦合动力学模型,设计了鲁棒姿轨联合控制律,并验证了其在月面软着陆中的应用。由于小天体附近动力学环境的复杂性和探测任务的特殊性,目前探测器着陆小天体过程的姿态和轨道耦合建模及控制研究还较少,Lee 等在指数坐标系下建立了探测器和小天体的相对位置及旋转运动,设计了连续时间反馈跟踪控制,并用李雅普诺夫分析法证明了探测器位置和姿态的几乎全局一致有界稳定性。探测器最终着陆小天体表面过程中,位置和姿态的耦合控制是保证探测器安全着陆的必要条件。本书在考虑天体自旋、不规则引力力矩及空间扰动力矩影响的前提下,对探测器最终软着陆小天体过程中的全驱动和欠驱动姿轨耦合模型的鲁棒控制及自适应控制做了初步的探索。

1.4 主要研究内容及章节安排

受到小天体自旋、不规则引力、模型不确定性和光压等外干扰影响,探测器在小天体附近的运动环境具有耦合非线性等特点。本书在现有的研究成果基础上,对不规则小天体附近探测器轨道和姿态动力学描述方法、探测器运动轨道控制方法、姿态控制方法及姿轨耦合控制方法进行了研究。本书将自适应控制、滑模控制、反演控制、观测器技术与模糊系统结合,设计具有鲁棒性能的轨道和姿态控制律,并从理论设计和仿真检验两方面对所研究的课题进行系统论述。本书结构安排如图 1.2 所示。

基于以上的研究内容,本书的章节安排如下:

第 1 章阐述了本书的研究背景及意义,对小天体探测现状及小天体附近探测器运动的相关技术进行了综述,指出了轨道控制、姿态控制及姿轨耦合控制方面需要解决的相关问题。

第 2 章研究了探测器在小天体附近运动的动力学模型的表述方法,这是全书设计工作的基础。首先,给出动力学模型表述所必需的空间坐标系,并分析了相关坐标系之间的转换关系。接着,确立了不规则小天体引力场模型。根据 1.3.1 节所描述的各种不同引力场表述方法的特点,在探测器距离小天体表面较远的绕飞和动力下降段,采用球谐函数方法建立引力场模型,而在探测器距离天体表面较近的最终着陆段则采用精度较高的多面体逼近法获得引力场模型。基于球谐函数法推导出小天体附近探测器所受到的不规则引力力矩的解析形式。基于以上分析,应用相对运动原理分别建立了探测器与小天体相对轨道动力学方程、相对姿态动力学方程及姿轨耦合动力学方程。根据不同的执行机构配置方式得到的姿轨耦合动力学方程分别呈现为全驱动和欠驱动两种控制形式。

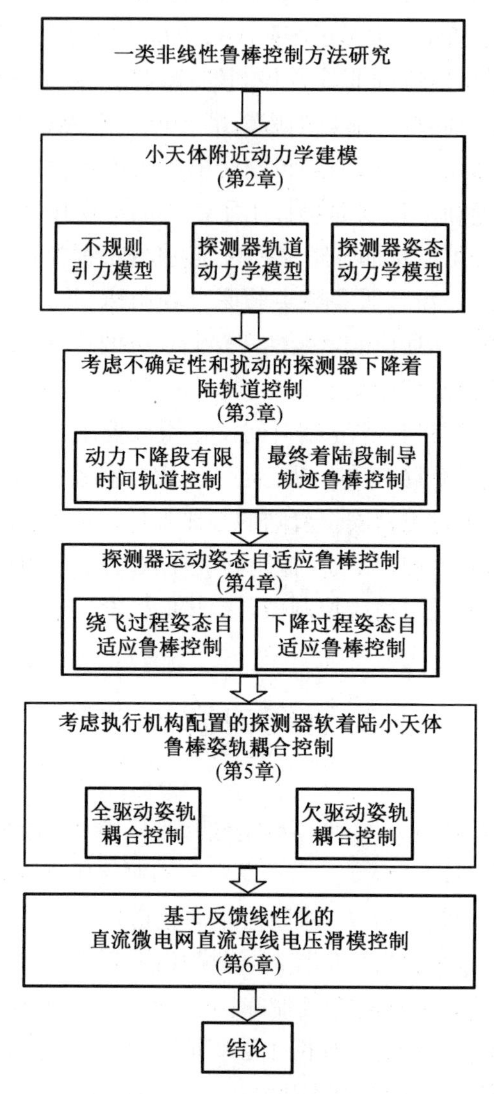

图 1.2　本书结构安排

第 3 章基于第 2 章所建立的轨道动力学模型,分别设计探测器在小天体附近动力下降段和最终着陆段的鲁棒轨道跟踪控制策略。首先,针对探测器动力下降段任务目标,设计燃料次最优多项式制导轨迹,引力模型采用球谐函数表示方法。基于一类轨迹跟踪控制思想,利用终端滑模技术设计了探测器鲁棒有限时间轨道控制策略。并针对系统不确定性和外界扰动等未知情况进行了分析,采用自适应律估计未知项的上界,给出了李雅普诺夫稳定性证明。其次,研究探测器在小天体表面附近的运动和控制,引力模型采用更精确的多面体逼近法。采用退步法和动态平面控制技术相结合,设计自适应在轨鲁棒跟踪控制策略,使系统在存在外界扰动情况下实现探测器安全精确软着陆。最后,用数值仿真验证了控制律的有效性。

第 4 章基于第 2 章所建立的姿态动力学模型,分别设计探测器在小天体附近绕飞及动力下降段的鲁棒姿态稳定控制策略。首先,充分考虑小天体不规则引力对探测器转动惯量的影响,根据简化的姿态动力学模型,对顺行和逆行轨道下的三个姿态角稳定性进行了详细分析。针对探测器绕飞过程中可能出现较大幅度姿态机动的不稳定情况,设计自适应反演滑模控制策略使探测器三个姿态角跟踪期望的稳定轨迹。用数值仿真验证了所设计控制器的良好跟踪性能。其次,针对探测器下降着陆段的特点、任务和控制要求,并考虑传统滑模控制存在抖振的问题,设计双环动态滑模控制策略。对内外回路系统的复合干扰及其导数的未知上界采用自适应方法在线估计,然后分别设计自适应动态滑模控制器,并进行李雅普诺夫稳定性证明。针对探测器所受到的较强干扰,为了更好地估计外界干扰,采用一类非线性干扰观测器在线逼近,根据观测器实时输出结果设计双环滑模控制器,证明李雅普诺夫稳定性。最后,用仿真实验验证了探测器在小天体附近运动姿态角优良的控制效果和鲁棒性。

第5章考虑不同的执行机构配置方式,基于所建立的姿轨耦合动力学模型,设计了探测器鲁棒姿轨联合控制律。首先,考虑执行机构配置方案,保证有足够的控制维数提供相对位姿变化所需要的控制力,基于反演控制思想,设计鲁棒自适应模糊控制策略,采用模糊系统逼近系统不确定性和扰动引起的部分模型,抑制系统不确定性和外界扰动。保证探测器在着陆时相对天体表面速度为零,探测器以垂直表面的姿态着陆,证明了系统的稳定性并进行了仿真研究。其次,考虑星体上只配置一台大推力轨道发动机,基于滤波器的反演方法,并应用三角函数处理控制器设计中存在的非线性问题,设计鲁棒自适应控制策略,并证明了闭环系统的渐近稳定性。

第6章针对直流微电网系统的非线性特性,采用基于线性化反馈的滑模控制策略对直流母线电压进行控制,使其能够快速跟踪预期电压,保证系统的鲁棒性和稳定性。首先,建立了包含储能装置和负载的光伏直流微电网的数学模型。针对双向DC/DC变换器的参数变化和负载变化干扰,考虑到系统参数的不确定性和扰动,设计了基于线性化反馈理论的滑模控制器,以保证在外部干扰下直流母线电压和系统稳定性。其次,通过Matlab数值仿真,验证了所提出的控制策略的可行性。

第7章对全书进行总结,分析了取得的成果,在此基础上总结了研究中发现的一些问题和不足,对进一步的研究进行了展望。

第2章　小天体附近动力学建模

2.1　引　　言

作为后续鲁棒控制器设计的基础,本章主要研究了探测器在不规则小天体附近运动时的动力学模型表述问题。首先,给出了探测器在小天体附近运动的约束条件和建模所必需的参考坐标系,描述了不规则小天体附近弱引力场模型的两种表述方法,并给出了不规则引力力矩的解析表达形式。根据第1章所描述各种不同引力模型表述方法的特点,当探测器距离小天体表面相对较远的绕飞和动力下降段,采用解析形式的球谐函数展开法建立引力场模型;由于探测器在最终着陆段距离小天体表面较近,利用球谐函数模型或椭球谐函数模型计算小天体引力都存在较大的误差,这时采用更为精确的多面体逼近法获得引力场模型。并基于此利用动力学的相关原理分别建立探测器与小天体相对轨道动力学方程、相对姿态动力学方程。随后,根据探测器近距离运动机动任务的特点及不同的执行机构配置方式,分析了探测器姿态与轨道之间的耦合关系,给出了姿轨耦合动力学模型,为后续控制器的分析与设计奠定基础。

2.2　基本坐标系

为了实现探测器在小天体附近的成功探测任务,一般假设小天体附近探测器的运动具有以下几点约束:

(1)在绕飞小天体的最后阶段,探测器的姿态应保持在一个稳定状态,以实现成功脱离绕飞轨道过渡到霍曼转移。探测器着陆小天体表面的相对轨道速度应接近零,以实现安全着陆。

(2)对于着陆区域的选择应兼顾科学目标和工程技术实现的要求。为了保证安全着陆,探测器的制导控制系统应具有一定的鲁棒性和自适应性,可以处理空间不确定性和扰动影响。

(3)着陆时探测器体轴的方向与着陆点天体表面法向的夹角不宜过大,一般要求夹角为零,进行姿态调整使着陆器上的仪器天线等保持良好方向。为了进一步提高落点精度和机动性,还需要对最终着陆段执行姿态轨道联合控制。

为了便于动力学建模及相关理论的叙述,首先给出几组常用的空间坐标系及其相互关系,如图2.1所示。

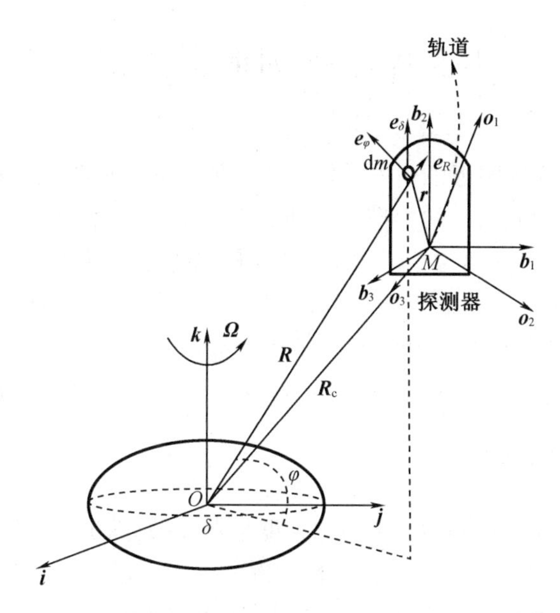

图 2.1　常用参考坐标系示意图

图 2.1 中 R_c 表示小天体质心到探测器质心的距离,φ 和 δ 分别表示探测器在固连坐标系中的经度和纬度,小天体绕最大惯量轴的均匀自旋角速度为 ω。

小天体惯性坐标系 $Oxyz$:坐标原点 O 位于小天体质心,参考平面是小天体赤道面,Ox 轴指向小天体赤道相对于白道的升交点,Oz 轴指向小天体自转角速度方向,Oy 轴按右手坐标系确定。

小天体固连坐标系 $\boldsymbol{Oijk}$:坐标原点 O 位于小天体质心,参考平面是小天体赤道面,$\boldsymbol{Oi}$ 轴和 $\boldsymbol{Ok}$ 轴分别指向小天体最小惯量轴(自转角速度方向)和最大惯量轴,$\boldsymbol{Oj}$ 轴按右手坐标系确定。假设初始时刻小天体固连坐标系与惯性坐标系重合,由于小天体自转而产生固连坐标系相对惯性坐标系的转角。

探测器轨道坐标系 $Mo_1o_2o_3$:坐标原点 M 位于探测器质心,Mo_3 指向从小天体质心到探测器质心的延伸线方向,Mo_1 垂直指向运动方向,Mo_2 按右手坐标系确定。

探测器本体坐标系 $M\boldsymbol{b}_1\boldsymbol{b}_2\boldsymbol{b}_3$:此坐标系与探测器固连在一起,坐标原点 M 位于探测器质心,根据三个姿态角(滚转角、俯仰角和偏航角)定义三个轴相对探测器轨道坐标系的方向。当探测器本体坐标系与轨道坐标系之间的姿态角 ψ_1、ψ_2、ψ_3 为零时,这两个坐标系重合。

可以求出轨道坐标系到惯性坐标系的转换矩阵 $\boldsymbol{P}_1$ 和惯性坐标系到固连坐标系的转换矩阵 $\boldsymbol{P}_2$ 分别为

$$\boldsymbol{P}_1=\begin{bmatrix}\cos\varphi\cos\delta & \sin\delta & -\sin\varphi\cos\delta\\ -\cos\varphi\cos\delta & \cos\theta & \sin\varphi\sin\delta\\ \sin\varphi & 0 & \cos\varphi\end{bmatrix},\boldsymbol{P}_2=\begin{bmatrix}\cos\gamma & 0 & -\sin\gamma\\ 0 & 1 & 0\\ \sin\gamma & 0 & \cos\gamma\end{bmatrix}$$

2.3 小天体不规则弱引力描述方法

如第 1 章所述,小天体附近的引力场较弱并会呈现不规则性,也是小天体附近探测器运动过程中所受的主要外力,所以建立探测器动力学模型之前首先分析小天体引力模型。根据探测任务的特殊性和实际情况,为了较为准确地描述小天体附近的动力学环境,当探测器距离小天体表面较远的绕飞和动力下降段,采用球谐函数展开法建立引力场模型,而当探测器距离天体表面较近的最终着陆段则采用多面体逼近法获得引力场模型。建立易于表达的引力场及引力力矩,亦为后续动力学分析和控制器设计奠定了基础。

2.3.1 球谐函数方法

在随体系中,小天体对探测器的引力加速度是保守的,满足方程(2.1)

$$\boldsymbol{F}_y=\nabla U \tag{2.1}$$

其中,U 为小天体的引力势能函数,由于小行星外形极不规则,导致 U 中的非球形项对探测器运动影响很大,因此 U 写成球谐函数的级数展开形式

$$U(R_c)=\frac{GM}{R_c}\left[1+\sum_{n=1}^{\infty}\sum_{m=0}^{n}\left(\frac{R_e}{R_c}\right)^m P_{nm}\sin\delta\cdot(C_{nm}\cos m\varphi+S_{nm}\sin m\varphi)\right] \tag{2.2}$$

其中,GM 表示小天体的引力系数;R_c、φ 和 δ 分别表示探测器到小天体质心的距离及所处的经度和纬度在固连坐标系中的表示;R_e 是中心小天体的最大赤道半径;n 和 m 为系统的展开级别及阶次;P_{nm} 是缔合勒让德多项式;C_{nm} 和 S_{nm} 是由小天体质量分布决定的引力系数。为了简化模型,将小天体近似为均质三轴椭球体,当其轴半径 a、b、c 已知时,式(2.2)的球谐函数展开形式可以按照下面方法进行简化。

引力系数 C_{nm} 和 S_{nm} 根据下列公式计算。

对所有的 n 或 m,$S_{nm}=0$;n 或 m 为奇数时,$C_{nm}=0$;而其他情况下

$$C_{nm}\frac{3}{R_0^n}\frac{(n/2)!\ (n-m)!}{2^m(n+3)(n+1)!}(2-\delta_{0m})\cdot\sum_{i=0}^{\mathrm{int}\left(\frac{n-m}{4}\right)}\frac{(a^2-b^2)^{\frac{m+4i}{2}}\left[c^2-\frac{1}{2}(a^2+b^2)\right]^{\frac{n-m-4i}{2}}}{16^i\left(\frac{n-m-4i}{2}\right)!\ \left(\frac{m+2i}{2}\right)!\ i!} \tag{2.3}$$

其中,δ_{0m} 为克罗内克符号,定义为 $\delta_{0m}=\begin{cases}0,m=0\\1,m=1\end{cases}$。

为了简化计算,将其展开成前四阶的形式,将后面高阶项当作不确定项处理,则各阶球谐函数系数可以根据下列公式计算得出:

$$C_{20}=\frac{2c^2-(a^2+b^2)}{10R_e^2}$$

$$C_{22}=\frac{a^2-b^2}{20R_e^2}$$

$$C_{40}=\frac{3[3(a^4+b^4)+8c^4]+2a^2b^2-8(a^2+b^2)c^2}{140R_e^4}$$

$$C_{42}=\frac{(a^2-b^2)(2c^2-a^2-b^2)}{280R_e^4}$$

$$C_{44}=\frac{(a^2-b^2)^2}{2\ 240R_e^4}$$

这时四阶引力势能函数可以表示为

$$U(R_c)=\frac{GM}{R_c}\left\{1+\left(\frac{R_e}{R_c}\right)^2\left[\frac{1}{2}C_{20}(3\sin^2\delta-1)+3C_{22}\cos^2\delta\cos(2\varphi)\right]+\right.$$
$$\left(\frac{R_e}{R_c}\right)^4\left[\frac{1}{8}C_{40}(35\sin^4\delta-30\sin^2\delta+3)+\frac{15}{2}C_{42}\cos^2\delta(7\sin^2\delta-1)\cos(2\varphi)+\right.$$
$$\left.\left.105C_{44}\cos^2\delta\cos(4\varphi)\right]+O(R_c^{-5})\right\} \tag{2.4}$$

对于近天体轨道,引力摄动的主要因素是小天体的扁状,所以可进一步简化式(2.4)并结合式(2.1),得到固连坐标系下小天体对探测器的引力加速度在各个轴上的分量分别为

$$U_x=\frac{\partial U}{\partial x}=\frac{\partial U}{\partial R_c}\cdot\frac{\partial R_c}{\partial x}=\frac{\partial U}{\partial R_c}\cdot\frac{x}{R_c}$$
$$=-\frac{GMx}{R_c^3}\left\{1+\left(\frac{R_e}{R_c}\right)^2\left[\frac{3}{2}C_{20}\left(1-5\left(\frac{z}{R_c}\right)^2\right)+\frac{5}{2}C_{22}\frac{R_e}{R_c}\left(3\frac{z}{R_c}-7\left(\frac{z}{R_c}\right)^3\right)-\right.\right.$$
$$\left.\left.\frac{5}{8}C_{40}\left(\frac{R_e}{R_c}\right)^2\left(3-42\frac{z^2}{R_c^2}+63\frac{z^4}{R_c^4}\right)\right]\right\} \tag{2.5}$$

$$U_y=\frac{\partial U}{\partial y}=\frac{\partial U}{\partial R_c}\cdot\frac{\partial R_c}{\partial x}=\frac{\partial U}{\partial R_c}\cdot\frac{y}{R_c}=\frac{\partial U}{\partial x}\cdot\frac{y}{x}$$
$$=-\frac{GMy}{R_c^3}\left\{1+\left(\frac{R_e}{R_c}\right)^2\left[\frac{3}{2}C_{20}\left(1-5\left(\frac{z}{R_c}\right)^2\right)+\frac{5}{2}C_{22}\frac{R_e}{R_c}\left(3\frac{z}{R_c}-7\left(\frac{z}{R_c}\right)^3\right)-\right.\right.$$
$$\left.\left.\frac{5}{8}C_{40}\left(\frac{R_e}{R_c}\right)^2\left(3-42\frac{z^2}{R_c^2}+63\frac{z^4}{R_c^4}\right)\right]\right\} \tag{2.6}$$

$$U_z=\frac{\partial U}{\partial z}=\frac{\partial U}{\partial R_c}\cdot\frac{\partial R_c}{\partial z}=\frac{\partial U}{\partial R_c}\cdot\frac{z}{R_c}$$
$$=-\frac{GMz}{R_c^3}\left\{1+\left(\frac{R_e}{R_c}\right)^2\left[\frac{3}{2}C_{20}\left(3-5\left(\frac{z}{R_c}\right)^2\right)+\frac{5}{2}C_{22}\frac{R_e}{R_c}\left(6\frac{z}{R_c}-7\left(\frac{z}{R_c}\right)^3-\frac{3}{5}\frac{R_c}{z}\right)-\right.\right.$$
$$\left.\left.\frac{5}{8}C_{40}\left(\frac{R_e}{R_c}\right)^2\left(15-70\frac{z^2}{R_c^2}+63\frac{z^4}{R_c^4}\right)\right]\right\} \tag{2.7}$$

其中,$R_c=(x^2+y^2+z^2)^{1/2}$。

2.3.2　多面体逼近法

探测器通常在远程交会阶段或绕飞段就能够获得目标小天体的光学或雷达图像,然后采用多面体逼近法预先估计小行星引力场,为接近段轨道设计提供依据。

假设小天体质量分布均匀,密度为ρ,则小天体引力势函数可用积分表示为如下形式:

$$U(R_c)=-G\rho\iiint_V \frac{1}{r}\mathrm{d}V \tag{2.8}$$

根据散度定义和高斯公式可将上述积分公式简化,同时将小天体多面体外表面近似为三角形,可以将得到的积分公式转化为多面体模型所有面和边叠加的形式,即

$$\begin{aligned}\boldsymbol{U}(R_c)&=-G\rho\iiint_V \frac{1}{r}\mathrm{d}V\\&=-\frac{1}{2}G\rho\sum_{\mathrm{f}\in \mathrm{faces}}\iint_{\mathrm{f}}\hat{\boldsymbol{n}}_{\mathrm{f}}\hat{\boldsymbol{r}}_{\mathrm{f}}\mathrm{d}S\\&=-\frac{1}{2}G\rho\sum_{\mathrm{e}\in \mathrm{edges}}\boldsymbol{R}_{\mathrm{e}}^{\mathrm{T}}\boldsymbol{E}_{\mathrm{e}}\boldsymbol{R}_{\mathrm{e}}\cdot L_{\mathrm{e}}+\frac{1}{2}G\rho\sum_{\mathrm{f}\in \mathrm{faces}}\boldsymbol{R}_{\mathrm{f}}^{\mathrm{T}}\boldsymbol{F}_{\mathrm{f}}\boldsymbol{R}_{\mathrm{f}}\cdot \omega_{\mathrm{f}}\end{aligned} \tag{2.9}$$

式中 $\boldsymbol{R}_{\mathrm{e}}$——多面体边上检验点到任一点的矢量;

$\boldsymbol{E}_{\mathrm{e}}$——多面体边的二阶张量,三阶矩阵形式;

$\boldsymbol{R}_{\mathrm{f}}$——检验点到面上任一点的矢量;

$\boldsymbol{F}_{\mathrm{f}}$——面的二阶张量。

$L_{\mathrm{e}}=\ln\dfrac{a+b+e}{a+b-e}$,其中,$a$、$b$ 为检验点到边的两个端点距离,e 为边的长度;$\omega_{\mathrm{f}}=2\arctan\dfrac{\hat{\boldsymbol{r}}_1\cdot(\hat{\boldsymbol{r}}_2\times\hat{\boldsymbol{r}}_3)}{1+\hat{\boldsymbol{r}}_1\cdot\hat{\boldsymbol{r}}_2+\hat{\boldsymbol{r}}_2\cdot\hat{\boldsymbol{r}}_3+\hat{\boldsymbol{r}}_3\cdot\hat{\boldsymbol{r}}_1}$,是三角形侧面固体角,其中,$\hat{\boldsymbol{r}}_1$、$\hat{\boldsymbol{r}}_2$、$\hat{\boldsymbol{r}}_3$ 为探测器到三角形侧面三个顶点的单位矢量,$\omega_{\mathrm{f}}\in(-2\pi,+2\pi)$。

对引力势能式(2.9)求梯度并进行求导化简,导出多面体形式的小天体引力加速度的计算公式为

$$\nabla U(R_c)=-G\rho\sum_{\mathrm{e}\in \mathrm{edges}}\boldsymbol{E}_{\mathrm{e}}g\boldsymbol{r}_{\mathrm{e}}\cdot L_{\mathrm{e}}+G\rho\sum_{\mathrm{f}\in \mathrm{faces}}\boldsymbol{F}_{\mathrm{f}}g\boldsymbol{r}_{\mathrm{f}}\cdot \omega_{\mathrm{f}} \tag{2.10}$$

2.3.3 不规则引力力矩

在分析小天体附近探测器运动时,不规则引力力矩受到刚体探测器转动惯量的影响,引起探测器姿态发生变化,并且构成了探测器运动过程的姿态动力学和轨道动力学的耦合。

如图 2.1 所示,可以给出探测器上某一质点 dm 受到小天体的引力作用为

$$\mathrm{d}\boldsymbol{F}=\left(\frac{\partial U}{\partial R}\boldsymbol{e}_R+\frac{1}{R\cos\varphi}\frac{\partial U}{\partial \delta}\boldsymbol{e}_\delta+\frac{1}{2}\frac{\partial U}{\partial \varphi}\boldsymbol{e}_\varphi\right)\mathrm{d}m \tag{2.11}$$

其中,U 为前面所描述的引力势函数;$\boldsymbol{e}_R$、$\boldsymbol{e}_\varphi$、$\boldsymbol{e}_\delta$ 为球坐标系中的单位矢量, 存在如下关系式

$$\boldsymbol{R}=\boldsymbol{R}_c+\boldsymbol{r},\boldsymbol{R}=|\boldsymbol{R}_c+\boldsymbol{r}|,\boldsymbol{e}_R=\frac{\boldsymbol{R}_c+\boldsymbol{r}}{|\boldsymbol{R}_c+\boldsymbol{r}|},\boldsymbol{e}_\delta=\boldsymbol{e}_R\times\boldsymbol{e}_\varphi$$

将上面关系式与截取到二阶形式的 U 代入式(2.11),可以得到式(2.12)

$$\mathrm{d}\boldsymbol{F}=\mathrm{d}\boldsymbol{F}_R+\mathrm{d}\boldsymbol{F}_\delta+\mathrm{d}\boldsymbol{F}_\varphi \tag{2.12}$$

则施加在探测器上的引力力矩可以用积分得到

$$M_g=\int r\times dF \tag{2.13}$$

用 $\boldsymbol{M}_g=[M_1,M_2,M_3]^{\mathrm{T}}$ 表示探测器受到的引力力矩在本体坐标系 $M\boldsymbol{b}_1\boldsymbol{b}_2\boldsymbol{b}_3$ 中的表示，$\boldsymbol{I}=\mathrm{diag}(I_1,I_2,I_3)$ 表示探测器转动惯量矩阵。

应用二项式定理，并忽略高阶项，整理后得到探测器本体坐标系中引力力矩在三个轴上的分量表达式，即

$$M_1=\frac{GM}{R_c^3}\left[(3+5\alpha)(I_3-I_2)\cos\psi_1\cos^2\psi_2\sin\psi_1+5\beta\left(-\frac{2}{5}I_1\cos\psi_1\sin\psi_3+(I_1+I_3-I_2)\sin\psi_1\cos^2\psi_2\cos\psi_3\right)\right] \tag{2.14}$$

$$M_2=\frac{GM}{R_c^3}\left[(3+5\alpha)(I_3-I_1)\cos\psi_1\cos\psi_2\sin\psi_2+5\beta\left(-\frac{2}{5}I_2(\sin\psi_1\sin\psi_2\sin\psi_3-\cos\psi_1\cos\psi_3)+(I_2-I_1+I_3)(\sin\psi_1\sin\psi_2\sin\psi_3+\sin^2\psi_2\cos\psi_1\cos\psi_3)+(I_2-I_3+I_1)\cos^2\psi_1\cos\psi_2\cos\psi_3\right)\right] \tag{2.15}$$

$$M_3=\frac{GM}{R_c^3}\left[(3+5\alpha)(I_1-I_2)\sin\psi_2\cos\psi_1\sin\psi_2+5\beta\left(\frac{2}{5}I_3(\sin\psi_1\cos\psi_3-\cos\psi_1\sin\psi_2\sin\psi_3)+(I_2-I_1+I_3)(\cos\psi_1\sin\psi_1\sin\psi_3-\sin^2\psi_2\sin\psi_1\cos\psi_3)-(I_1-I_2+I_3)\cos^2\psi_1\sin\psi_2\cos\psi_3\right)\right] \tag{2.16}$$

其中，α、β 的计算方法如下：

$$\alpha=\left[-\frac{3}{2}C_{20}+9C_{22}\cos(2\delta_c)\right]\left(\frac{R_e}{R_c}\right)^2 \tag{2.17}$$

$$\beta=[6C_{22}\sin(2\delta_c)]\left(\frac{R_e}{R_c}\right)^2 \tag{2.18}$$

其中，R_e 是小天体参考半径；R_c 是小天体质心到探测器质心的距离；C_{20}、C_{22} 是球谐系数；δ_c 是小天体质心所处的经度，假设探测器在小天体周围圆轨道绕飞并且探测器轨道角速度为常数 $\dot{\eta}=n$，其中 η 为真近点角，则满足 $\delta_c=\eta\pm\omega t=(n\pm\omega)t$，其中的正负号分别代表探测器是处于顺行还是逆行轨道。可以看出，探测器受到的小天体引力力矩与探测器所在位置、引力系数、小天体自旋角速度、转动惯量及姿态角都有关系，由此形成探测器姿态动力学的复杂非线性，并引起姿态动力学和轨道动力学方程的耦合。

2.4　小天体附近探测器运动模型

本节针对小天体探测器近距离运动的特点，根据相对运动理论和牛顿运动定律，详细导出探测器轨道动力学模型、姿态模型及姿轨耦合动力学模型。

2.4.1　轨道动力学模型

如图 2.1 所示，探测器与目标小天体的相对位置矢量为 $\boldsymbol{R}_c$，则根据相对微分公式，探测

器与目标天体的相对速度矢量可以定义为

$$\boldsymbol{V}=\frac{\mathrm{d}\boldsymbol{R}_{\mathrm{c}}}{\mathrm{d}t}=\boldsymbol{V}_{\mathrm{L}}+\boldsymbol{\omega}\times\boldsymbol{R}_{\mathrm{c}} \tag{2.19}$$

其中,$\boldsymbol{V}$ 为惯性坐标系中探测器与小天体的速度矢量;$\boldsymbol{V}_{\mathrm{L}}$ 为探测器与小天体相对速度矢量在小天体固连坐标系中的表示;$\boldsymbol{\omega}=[0\quad 0\quad \omega_0]^{\mathrm{T}}$,为小天体固连坐标系相对于惯性坐标系的旋转角速度。

进一步利用相对微分公式,可以得到探测器相对惯性空间的加速度为

$$\left[\frac{\mathrm{d}\boldsymbol{V}}{\mathrm{d}t}\right]_{\mathrm{I}}=\left[\frac{\mathrm{d}\boldsymbol{V}_{\mathrm{L}}}{\mathrm{d}t}\right]_{\mathrm{I}}+\boldsymbol{\omega}\times\left[\frac{\mathrm{d}\boldsymbol{R}_{\mathrm{c}}}{\mathrm{d}t}\right]_{\mathrm{I}}+\left[\frac{\mathrm{d}\boldsymbol{\omega}}{\mathrm{d}t}\right]_{\mathrm{I}}\times\boldsymbol{R}_{\mathrm{c}} \tag{2.20}$$

而根据科氏定律,可得在惯性坐标系和小天体固连坐标系下的关系为

$$\left[\frac{\mathrm{d}\boldsymbol{V}_{\mathrm{L}}}{\mathrm{d}t}\right]_{\mathrm{I}}=\left[\frac{\mathrm{d}\boldsymbol{V}_{\mathrm{L}}}{\mathrm{d}t}\right]_{\mathrm{L}}+\boldsymbol{\omega}\times\boldsymbol{V}_{\mathrm{L}} \tag{2.21}$$

$$\left[\frac{\mathrm{d}\boldsymbol{R}_{\mathrm{c}}}{\mathrm{d}t}\right]_{\mathrm{I}}=\boldsymbol{V}_{\mathrm{L}}+\boldsymbol{\omega}\times\boldsymbol{R}_{\mathrm{c}} \tag{2.22}$$

又假设小天体自旋角速度为常值,所以

$$\left[\frac{\mathrm{d}\boldsymbol{\omega}}{\mathrm{d}t}\right]_{\mathrm{I}}=0 \tag{2.23}$$

将式(2.21)、式(2.22)和式(2.23)代入式(2.20)整理后可得

$$\left[\frac{\mathrm{d}\boldsymbol{V}_{\mathrm{L}}}{\mathrm{d}t}\right]_{\mathrm{L}}=\left[\frac{\mathrm{d}\boldsymbol{V}}{\mathrm{d}t}\right]_{\mathrm{I}}-2\boldsymbol{\omega}\times\boldsymbol{V}_{\mathrm{L}}-\boldsymbol{\omega}\times(\boldsymbol{\omega}\times\boldsymbol{V}_{\mathrm{c}}) \tag{2.24}$$

根据牛顿第二定律,可以得到探测器在惯性坐标系中的运动方程为

$$\left[\frac{\mathrm{d}\boldsymbol{V}}{\mathrm{d}t}\right]_{\mathrm{I}}=[\boldsymbol{a}]_{\mathrm{I}}+[\nabla U]_{\mathrm{I}}+[\boldsymbol{d}]_{\mathrm{I}} \tag{2.25}$$

其中,$\boldsymbol{a}$、∇U、$\boldsymbol{d}$ 分别为探测器在惯性坐标系中受到的控制加速度、小天体引力和扰动加速度。

因此,得到探测器在小天体固连坐标系中的轨道动力学方程为

$$\left[\frac{\mathrm{d}\boldsymbol{V}_{\mathrm{L}}}{\mathrm{d}t}\right]_{\mathrm{L}}=[\boldsymbol{a}]_{\mathrm{L}}+[\nabla U]_{\mathrm{L}}+[\boldsymbol{d}]_{\mathrm{L}}-2\boldsymbol{\omega}\times\boldsymbol{V}_{\mathrm{L}}-\boldsymbol{\omega}\times(\boldsymbol{\omega}\times\boldsymbol{R}_{\mathrm{c}}) \tag{2.26}$$

不失一般性,将式(2.26)写成如下形式:

$$\frac{\mathrm{d}^2\boldsymbol{R}_{\mathrm{c}}}{\mathrm{d}t^2}=\frac{\mathrm{d}\boldsymbol{V}_{\mathrm{L}}}{\mathrm{d}t}=\boldsymbol{a}+\nabla U+\boldsymbol{d}-2\boldsymbol{\omega}\times\boldsymbol{V}_{\mathrm{L}}-\boldsymbol{\omega}\times(\boldsymbol{\omega}\times\boldsymbol{R}_{\mathrm{c}}) \tag{2.27}$$

其中,$\boldsymbol{a}$、∇U、$\boldsymbol{d}$ 分别为探测器在小天体固连坐标系下受到的控制加速度、小天体不规则引力和扰动加速度,其转换关系可以通过前面的坐标变换矩阵得到。

为了定点精确着陆,定义着陆点坐标系如图 2.2 所示,以小天体表面预先设置好的着陆点为坐标原点 O_1,O_1z_1 轴为从小天体质心指向着陆点,O_1x_1 轴位于本地经度平面内,并且在这个平面内与 O_1z_1 轴垂直,O_1y_1 轴满足右手定理。根据需要在着陆点坐标系下表示探测器轨道动力学模型。考虑到着陆点坐标系的原点在小天体固连坐标系中的矢量为 $\boldsymbol{\rho}$,也是从

小天体质心到着陆点的位置矢量，则从小天体质心到探测器的位置矢量 $\boldsymbol{R}_c$ 在小天体固连坐标系中满足下列关系：

$$\boldsymbol{R}_c=\boldsymbol{T}_1^{\mathrm{L}}\boldsymbol{r}+\boldsymbol{\rho} \tag{2.28}$$

其中，$\boldsymbol{r}$ 是在着陆点坐标系下从着陆点到探测器的位置矢量，则着陆点坐标系到小天体固连坐标系的坐标变换矩阵为

$$\boldsymbol{T}_1^{\mathrm{L}}=\begin{bmatrix}\cos\lambda\sin\theta & -\sin\lambda & \cos\lambda\cos\theta\\ \sin\lambda\sin\theta & \cos\lambda & \sin\lambda\cos\theta\\ -\cos\theta & 0 & \sin\theta\end{bmatrix} \tag{2.29}$$

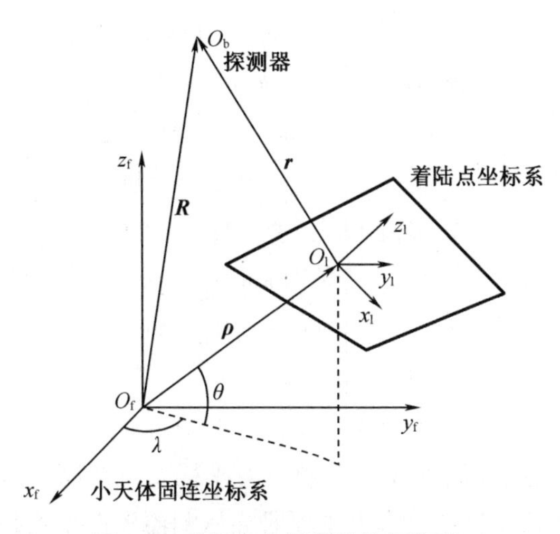

图2.2　着陆点坐标系的几何关系

将式(2.28)和式(2.29)代入式(2.27)中，可以得到新的轨道动力学方程为

$$\boldsymbol{T}_1^{\mathrm{L}}\ddot{\boldsymbol{r}}+2\boldsymbol{\omega}\times\boldsymbol{T}_1^{\mathrm{L}}\dot{\boldsymbol{r}}+\boldsymbol{\omega}\times[\boldsymbol{\omega}\times(\boldsymbol{T}_1^{\mathrm{L}}\boldsymbol{r}+\boldsymbol{\rho})]=\boldsymbol{T}_1^{\mathrm{L}}\boldsymbol{a}+\boldsymbol{T}_1^{\mathrm{L}}\boldsymbol{U}+\boldsymbol{T}_1^{\mathrm{L}}\boldsymbol{d} \tag{2.30}$$

对式(2.30)等号两端同时乘以 $(\boldsymbol{T}_1^{\mathrm{L}})^{-1}$，可以得到着陆点坐标系下轨道动力学模型，即

$$\ddot{\boldsymbol{r}}+2(\boldsymbol{T}_1^{\mathrm{L}})^{-1}(\boldsymbol{\omega}\times\boldsymbol{T}_1^{\mathrm{L}}\dot{\boldsymbol{r}})+(\boldsymbol{T}_1^{\mathrm{L}})^{-1}\{\boldsymbol{\omega}\times[\boldsymbol{\omega}\times(\boldsymbol{T}_1^{\mathrm{L}}\boldsymbol{r}+\boldsymbol{\rho})]\}=\boldsymbol{a}_1+\boldsymbol{U}_1+\boldsymbol{d}_1 \tag{2.31}$$

令 $\boldsymbol{r}=[x\quad y\quad z]^{\mathrm{T}}$，则在着陆点坐标系下，将探测器轨道动力学模型式(2.31)表示为三轴标量形式如下：

$$\begin{cases}\ddot{x}=2\omega\sin\theta\cdot\dot{y}+\omega^2\sin^2\theta\cdot x+\omega^2\sin\theta\cdot\cos\theta\cdot z+a_{lx}+U_{lx}+d_{lx}\\ \ddot{y}=-2\omega\sin\theta\cdot\dot{x}-2\omega\cos\theta\cdot\dot{z}+\omega^2\cdot y+a_{ly}+U_{ly}+d_{ly}\\ \ddot{z}=2\omega\cos\theta\cdot\dot{y}+\omega^2\sin\theta\cdot\cos\theta\cdot x+\omega^2\cos^2\theta\cdot z+a_{lz}+U_{lz}+d_{lz}\end{cases} \tag{2.32}$$

其中，a_{lx}、a_{ly}、a_{lz} 是控制力在着陆点坐标系的三轴分量；U_{lx}、U_{ly}、U_{lz} 是着陆点坐标系引力加速度的三轴分量，将小天体固连坐标系中描述的引力加速度经过转换矩阵对其进行坐标变换，$[U_{lx}\quad U_{ly}\quad U_{lz}]^{\mathrm{T}}=(\boldsymbol{T}_1^{\mathrm{L}})^{-1}[U_x\quad U_y\quad U_z]^{\mathrm{T}}$。如果着陆点已经选定，则着陆点所处的经纬度值也为常数。

2.4.2 姿态模型

1. 姿态运动学模型

针对探测器姿态运动的两类控制任务——空间绕飞和着陆，本小节根据任务特点推导出两种类型的探测器姿态运动学模型。为了描述探测器的姿态，至少需要两个坐标系，一个是空间参考坐标系，另一个是固连于探测器的本体坐标系。本体坐标系的三个坐标轴在参考坐标系中的方向确定了探测器的姿态，描述这些方向的物理量就称为姿态参数，常用的有欧拉角、罗德里格斯参数等。其中欧拉角表示方法更加简捷并具有明显的几何意义。

使用欧拉角描述姿态运动时，空间参考坐标系通过三次转动可得到本体坐标系，本书采用 3-1-2 转序，绕三个轴的坐标转换矩阵分别是

$$\boldsymbol{A}_z(\psi_3)=\begin{bmatrix}\cos\psi_3 & \sin\psi_3 & 0\\ -\sin\psi_3 & \cos\psi_3 & 0\\ 0 & 0 & 1\end{bmatrix}$$

$$\boldsymbol{A}_x(\psi_1)=\begin{bmatrix}1 & 0 & 0\\ 0 & \cos\psi_1 & \sin\psi_1\\ 0 & -\sin\psi_1 & \cos\psi_1\end{bmatrix}$$

$$\boldsymbol{A}_y(\psi_2)=\begin{bmatrix}\cos\psi_2 & 0 & -\sin\psi_2\\ 0 & 1 & 0\\ \sin\psi_2 & 0 & \cos\psi_2\end{bmatrix}$$

对于不同的探测任务，我们选取不同的参考坐标系。在探测器绕飞小天体过程中，参考坐标系选取探测器轨道坐标系。本书主要研究探测器姿态稳定控制，即通过执行机构产生控制力矩，克服作用到探测器上的各种干扰力矩，最终实现指定姿态轨迹的稳定跟踪。根据刚体复合运动关系，得出相对于惯性坐标系时探测器的运动学方程表示为

$$\boldsymbol{\omega}=\begin{bmatrix}\omega_x\\ \omega_y\\ \omega_z\end{bmatrix}=\boldsymbol{\omega}_{\mathrm{bo}}^{\mathrm{b}}+\boldsymbol{T}_{\mathrm{bo}}\boldsymbol{\omega}_{\mathrm{oi}}^{\mathrm{o}} \tag{2.33}$$

$$\boldsymbol{\omega}_{\mathrm{bo}}^{\mathrm{b}}=\boldsymbol{A}_y(\psi_2)\boldsymbol{A}_x(\psi_1)\boldsymbol{A}_z(\psi_3)\begin{bmatrix}0\\ 0\\ \dot{\psi}_3\end{bmatrix}+\boldsymbol{A}_y(\psi_2)\boldsymbol{A}_x(\psi_1)\begin{bmatrix}\dot{\psi}_2\\ 0\\ 0\end{bmatrix}+\boldsymbol{A}_y(\psi_2)\begin{bmatrix}0\\ \dot{\psi}_1\\ 0\end{bmatrix}$$

$$\boldsymbol{T}_{\mathrm{bo}}=\boldsymbol{A}_y(\psi_2)\boldsymbol{A}_x(\psi_1)\boldsymbol{A}_z(\psi_3)$$

则

$$\boldsymbol{\omega}=\boldsymbol{A}\cdot\begin{bmatrix}\psi_1\\ \psi_2\\ \psi_3\end{bmatrix}+\boldsymbol{B}\cdot n$$

其中，$\boldsymbol{\omega}$ 为探测器本体坐标系相对惯性坐标系的旋转角速度矢量，$\boldsymbol{\omega}_{\mathrm{bo}}^{\mathrm{b}}$ 表示探测器本体坐标系相对参考坐标系的旋转角速度矢量；$\boldsymbol{\omega}_{\mathrm{oi}}^{\mathrm{o}}$ 表示参考坐标系相对惯性坐标系的旋转角速度

矢量，$\boldsymbol{\omega}_{oi}^{o}=[0\quad -\dot{\eta}\quad 0]^{T}$，$\dot{\eta}=n$，$\dot{\eta}$ 为探测器轨道角速度。矩阵 $\boldsymbol{A}$、$\boldsymbol{B}$ 分别为

$$\boldsymbol{A}=\begin{bmatrix}\cos\psi_2 & 0 & -\sin\psi_2\cos\psi_1\\ 0 & 1 & \sin\psi_1\\ \sin\psi_2 & 0 & \cos\psi_2\cos\psi_1\end{bmatrix}$$

$$\boldsymbol{B}=\begin{bmatrix}-\cos\psi_2\sin\psi_3+\sin\psi_2\sin\psi_1\cos\psi_3\\ -\cos\psi_1\cos\psi_3\\ -(\sin\psi_2\sin\psi_3-\cos\psi_2\sin\psi_1\cos\psi_3)\end{bmatrix}$$

反解方程式(2.33)可得探测器绕飞小天体的相对姿态运动学方程欧拉角形式为

$$\dot{\boldsymbol{\Phi}}=f(\boldsymbol{\Phi})\cdot\boldsymbol{\omega}+g(\boldsymbol{\Phi})n \tag{2.34}$$

其中，$\boldsymbol{\Phi}=[\psi_1\quad \psi_2\quad \psi_3]^{T}$，表示相对姿态角向量，其他矩阵分别表示为

$$f(\boldsymbol{\Phi})=\begin{bmatrix}\cos\psi_2 & 0 & \sin\psi_2\\ \sin\psi_2\tan\psi_1 & 1 & -\cos\psi_2\tan\psi_1\\ -\dfrac{\sin\psi_2}{\cos\psi_1} & 0 & \dfrac{\cos\psi_2}{\cos\psi_1}\end{bmatrix}$$

$$g(\boldsymbol{\Phi})=\begin{bmatrix}\cos\psi_2\sin\psi_3+\sin\psi_2\sin\psi_1\cos\psi_3\\ \cos\psi_1\cos\psi_3\\ \sin\psi_2\sin\psi_3-\cos\psi_2\sin\psi_1\cos\psi_3\end{bmatrix}$$

而当探测器在小天体附近着陆过程中，参考坐标系选取图2.2所示的着陆点坐标系，同样可以采用式(2.33)来描述姿态运动学方程，此时 $\boldsymbol{\omega}_{oi}^{o}=[0\quad 0\quad \omega_0]^{T}$，其中 ω_0 为小天体绕最大惯量轴自旋角速度。最后可得到探测器着陆小天体的相对姿态运动学方程欧拉角形式，如式(2.34)所示。

由于探测器在小天体附近动力学环境的特殊性，可能会出现大角度姿态机动过程，因此欧拉角表述式有时会带来奇异性问题，这时可以用修正罗德里格参数法(MRP)描述探测器姿态运动。设 $\boldsymbol{\sigma}=[\sigma_x\quad \sigma_y\quad \sigma_z]^{T}$ 为本体坐标系相对于参考坐标系的罗德里格参数，$\boldsymbol{e}$ 表示姿态描述中的参考定轴，则可用欧拉转角 $\boldsymbol{\Phi}$ 来表示 MRP，即

$$\boldsymbol{\sigma}=\boldsymbol{e}\tan\frac{\boldsymbol{\Phi}}{4} \tag{2.35}$$

由式(2.35)可以看出，MRP 姿态描述表明绕欧拉轴旋转的角度不超过2π，并且可以得到参考坐标系与探测器本体坐标系之间的坐标转换矩阵为

$$\boldsymbol{G}(\boldsymbol{\sigma})=\begin{bmatrix}1-\sigma^2+2\sigma_x^2 & 2(\sigma_x\sigma_y-\sigma_z) & 2(\sigma_z\sigma_x+\sigma_y)\\ 2(\sigma_y\sigma_x+\sigma_z) & 1-\sigma^2+2\sigma_y^2 & 2(\sigma_y\sigma_z-\sigma_x)\\ 2(\sigma_z\sigma_x-\sigma_y) & 2(\sigma_z\sigma_y+\sigma_x) & 1-\sigma^2+2\sigma_z^2\end{bmatrix} \tag{2.36}$$

最后，探测器姿态运动学方程用 MRP 描述为

$$\dot{\boldsymbol{\sigma}}=\boldsymbol{G}(\boldsymbol{\sigma})\cdot\boldsymbol{\omega} \tag{2.37}$$

2. 姿态动力学模型

由刚体动量矩公式和欧拉-牛顿法可以推导出探测器姿态动力学方程，即刚体对惯性

空间某固定点的角动量的变化率等于作用于刚体的所有外力对此点力矩的总和。

根据飞行器姿态动力学原理,可得探测器基于本体坐标系的刚体动力学方程为

$$\boldsymbol{I}\dot{\boldsymbol{\omega}}+\boldsymbol{\omega}\times\boldsymbol{I}\boldsymbol{\omega}=\boldsymbol{T}+\boldsymbol{M}(\boldsymbol{\Phi},\boldsymbol{R}_{\mathrm{c}})+\boldsymbol{T}_{\mathrm{d}} \tag{2.38}$$

由于选取的本体坐标系为主轴坐标系,转动惯量表示为 $\boldsymbol{I}=\mathrm{diag}(I_x,I_y,I_z)$, $\boldsymbol{\omega}^{\times}$表示一个3×3 对称矩阵, 即

$$\boldsymbol{\omega}^{\times}=\begin{bmatrix}0 & -\omega_z & -\omega_y\\ \omega_z & 0 & -\omega_x\\ -\omega_y & -\omega_x & 0\end{bmatrix}$$

$\boldsymbol{T}=[T_x \quad T_y \quad T_z]^{\mathrm{T}}\in\mathbf{R}^3$,表示探测器三轴控制力矩,可由探测器的飞轮、推力器等执行机构产生;$\boldsymbol{M}(\boldsymbol{\Phi},\boldsymbol{R}_{\mathrm{c}})=[M_x \quad M_y \quad M_z]^{\mathrm{T}}\in\mathbf{R}^3$ 是前面所计算的小天体引力力矩低阶项,与探测器距离小天体质心位置及三轴姿态角有关系,尽管引力力矩相对较小,但会引起姿态和轨道动力学的耦合特性;$\boldsymbol{T}_{\mathrm{d}}=[T_{\mathrm{d}x} \quad T_{\mathrm{dy}} \quad T_{\mathrm{dz}}]^{\mathrm{T}}\in\mathbf{R}^3$ 表示探测器受到的干扰力矩,主要由太阳光压、第三体引力及引力力矩高阶项等构成。

2.4.3 姿轨耦合动力学模型

探测器在小天体附近最终着陆阶段,对探测器的相对位置和相对姿态均有要求。探测器着陆时相对着陆点的距离和速度均为零,所以需要建立探测器近距离运动的姿轨耦合动力学模型。不同的执行机构配置方案,将会使探测器姿轨耦合动力学模型有所不同。为实现快速的轨道机动,往往在星体上仅配置一台大推力轨道发动机,因此轨道子系统对外显示是欠驱动控制系统。而探测器所装配的姿态执行机构一般能保证姿态子系统提供足够的控制力矩实现本体三自由度转动,且控制能量要远小于轨控发动机的消耗,所以仅考虑轨控发动机的安装方式。

1. 欠驱动姿轨耦合模型

假设轨控发动机沿探测器本体系的 x 轴安装,并且发动机推力 F 与该轴同向。则发动机提供的推力在探测器本体坐标系中可描述为

$$\boldsymbol{F}=[F \quad 0 \quad 0]^{\mathrm{T}} \tag{2.39}$$

控制加速度矢量 $\boldsymbol{a}$ 可以在参考坐标系中表示为

$$\boldsymbol{a}=\boldsymbol{T}_{\mathrm{bo}}^{\mathrm{T}}\cdot\frac{1}{m}\cdot\begin{bmatrix}F\\0\\0\end{bmatrix}=a\begin{bmatrix}\cos\psi_2\cos\psi_3\\ \cos\psi_2\sin\psi_3\\ -\sin\psi_2\end{bmatrix}=aN(\boldsymbol{\Phi}) \tag{2.40}$$

其中,控制加速度幅值 a 满足 $a=\dfrac{F}{m}$。

联立着陆点坐标系下轨道动力学模型(2.31)、姿态运动学模型(2.34)、姿态动力学模型(2.38),并结合式(2.40),能够得到探测器软着陆小天体姿轨耦合动力学方程,即

$$\begin{cases}\dot{\boldsymbol{r}}=\boldsymbol{v}\\ \dot{\boldsymbol{v}}+G(\dot{\boldsymbol{r}})+H(\boldsymbol{r})+\boldsymbol{d}_1=aN(\boldsymbol{\Phi})\\ \dot{\boldsymbol{\Phi}}=f(\boldsymbol{\Phi})\cdot\boldsymbol{\omega}+g(\boldsymbol{\Phi})\omega_0\\ \boldsymbol{I}\dot{\boldsymbol{\omega}}+\boldsymbol{\omega}\times\boldsymbol{I}\boldsymbol{\omega}=\boldsymbol{T}+\boldsymbol{M}(\boldsymbol{\Phi},\boldsymbol{R}_\mathrm{c})+\boldsymbol{T}_\mathrm{d}\end{cases} \tag{2.41}$$

其中，$\boldsymbol{r}=[x\quad y\quad z]^\mathrm{T}$，

$$G(\dot{\boldsymbol{r}})=\begin{bmatrix}2\omega\sin\theta\cdot\dot{y}\\ -2\omega\sin\theta\cdot\dot{x}-2\omega\cos\theta\cdot\dot{z}\\ 2\omega\cos\theta\cdot\dot{y}\end{bmatrix}$$

$$H(\boldsymbol{r})=\begin{bmatrix}\omega^2\sin^2\theta\cdot x+\omega^2\sin\theta\cdot\cos\theta\cdot z+U_{1x}\\ -2\omega\cos\theta\cdot\dot{z}+\omega^2\cdot y+U_{1y}\\ \omega^2\sin\theta\cdot\cos\theta\cdot x+\omega^2\cos^2\theta\cdot z+U_{1z}\end{bmatrix}$$

上述姿轨耦合动力学模型的控制输入是控制加速度幅值 a 和姿态控制力矩向量 $\boldsymbol{T}$，输入维数为四维，而输出为探测器六自由度的相对位姿，所以该动力学模型对外呈现为欠驱动控制系统。小天体自旋、轨控推力矢量对相对姿态的依赖及不规则引力力矩构成了姿态和轨道的耦合作用。

2. 六自由度姿轨耦合模型

式(2.41)所反映的耦合作用是控制问题的一个难点，为了便于控制器设计，假设探测器姿态和轨道运动在时间尺度上差异较小，执行机构配置方案保证有足够的控制维数提供相对位姿变化所需要的控制力和控制力矩，进而可以得到全驱动控制情形的探测器姿轨耦合动力学方程。即发动机提供的推力在探测器本体坐标系中可描述为

$$\boldsymbol{F}=[F_x\quad F_y\quad F_z]^\mathrm{T} \tag{2.42}$$

探测器所受到的控制加速度可以描述为

$$\boldsymbol{u}_1=[u_x\quad u_y\quad u_z]^\mathrm{T}=\frac{\boldsymbol{F}}{m}$$

探测器软着陆小天体姿轨耦合动力学方程全驱动形式为

$$\begin{cases}\dot{\boldsymbol{r}}=\boldsymbol{v}\\ \dot{\boldsymbol{v}}+G(\dot{\boldsymbol{r}})+H(\boldsymbol{r})+\boldsymbol{d}_1=\boldsymbol{u}_1\\ \dot{\boldsymbol{\Phi}}=f(\boldsymbol{\Phi})\cdot\boldsymbol{\omega}+g(\boldsymbol{\Phi})\omega_0\\ \boldsymbol{I}\dot{\boldsymbol{\omega}}+\boldsymbol{\omega}\times\boldsymbol{I}\boldsymbol{\omega}=\boldsymbol{T}+\boldsymbol{M}(\boldsymbol{\Phi},\boldsymbol{R}_\mathrm{c})+\boldsymbol{T}_\mathrm{d}\end{cases} \tag{2.43}$$

上述姿轨耦合动力学模型中，小天体自旋、不规则引力力矩构成了姿态和轨道的耦合作用，在第一种耦合模型的基础上进行了简化。

2.5 本章小结

本章首先针对小天体附近探测器运动的任务特点,采用球谐函数展开法和多面体逼近法确立了小天体附近的不规则弱引力场模型,并给出了小天体不规则引力力矩的解析形式。其次在几种空间参考坐标系基础上根据探测器相对运动轨道动力学定律,考虑小天体自转,建立了探测器在固连坐标系和着陆点坐标系下的轨道动力学模型。再次根据刚体运动学定律,分别以探测器轨道坐标系和着陆点坐标系为参考坐标表述了探测器在小天体附近运动的姿态运动学和动力学模型。最后根据执行机构的安装方式不同,揭示了探测器姿态动力学和轨道动力学的耦合关系,确立了最终着陆段的姿轨耦合动力学模型。为后续鲁棒控制器的设计和本书的研究奠定了模型基础。

第3章　考虑不确定性和扰动的探测器下降着陆轨道控制

3.1　引　　言

绕飞小天体阶段的观测任务结束后,探测器经过霍曼转移轨道脱离绕飞轨道向小天体表面接近,这个过程一般包括动力下降段和着陆段两部分。首先探测器进入下降轨道,在小天体引力作用下,探测器利用导航系统提供的状态信息,完成对下降轨道的修正,控制探测器到达目标着陆点附近,飞向期望着陆点。动力下降段的制导和控制是整个着陆任务中的关键,直接决定着陆任务的性能乃至成败。到达目标着陆点附近后,导航、制导和控制系统利用导航传感器提供的相对目标点信息,驱动发动机,使探测器高精度垂直到达目标着陆点。由于小天体着陆具有自主性、实时性的特点,着陆段制导控制系统决定了期望着陆指标能否实现。

由于探测器在动力下降段具有动力学环境复杂、控制精度要求高的特点,并且在下降过程中,小天体自旋、不规则引力场等动力学参数存在着不确定性,随着探测器高度的下降,这些不确定因素的影响会越来越大。因此,制导、控制方法应具有较强的自主性和鲁棒性,以实现探测器快速并以较高精度跟踪期望下降轨迹。探测器到达最终着陆段面临的问题是小天体引力摄动相对较大,相对位姿估计要求精确,着陆末端状态约束严格。这时采用的制导和控制方法应尽量减小小天体引力摄动带来的影响,使探测器以较高着陆精度、零速度垂直到达目标着陆点附近。

本章基于以上设计要求,展开对探测器在小天体附近动力下降过程和最终着陆过程的轨道系统鲁棒控制方法研究。首先,考虑到探测器负荷及所带燃料有限,参考 Apollo 登月任务选取燃料次最优制导方法,设计探测器下降位置和速度的多项式标称轨迹。其次,考虑探测器下降过程所受到的不确定性和扰动影响,以小天体固连坐标系中轨道动力学模型为对象,对动力下降轨道系统给出一种带有补偿项的自适应 Terminal 滑模有限时间控制策略,使探测器在较短时间内跟踪期望的标称轨迹。其中 Terminal 滑模控制策略在滑动超平面的设计中引入了非线性函数,使得在滑动面上跟踪误差能够在有限时间内收敛到零,而且相对于线性滑动面降低了控制器增益。再次,以着陆点坐标系下轨道动力学模型为对象,充分考虑自主制导的鲁棒性要求,采用动态平面控制技术的思想,解决退步法存在的计算复杂性膨胀问题,设计自适应在轨鲁棒跟踪控制,使得系统状态在预先给定的误差范围内渐近跟踪参考标称轨迹,避免了 Terminal 滑模控制器设计过程中的复杂性,实现在算法上简单快速。

3.2 基于自适应 Terminal 滑模的探测器下降制导与鲁棒控制

3.2.1 问题描述

由于探测器在小天体附近受到不规则引力、天体自旋等原因,探测器下降过程动力学模型中普遍存在不确定性,将导致仿真结果与实验验证之间的差异。滑模变结构控制作为一种具有强鲁棒性的控制方法已大量应用于非线性不确定系统控制中。但传统滑模会使控制信号存在抖振,从而导致控制精度下降。本节采用 Terminal 滑模进行控制器设计,保证闭环系统中所有变量有界,系统误差在有限时间内收敛,同时抑制传统滑模带来的控制抖振。

针对小天体固连坐标系下的探测器动力下降段的轨道动力学模型,首先给出下述假设:

假设 3.1 探测器动力下降段的位置信号和期望的轨迹可测量、光滑且有界。

假设 3.2 系统所受的不确定性 $\Delta f(X,t)$ 和外界干扰 $d(t)$ 有界。

问题 3.1 本小节针对小天体固连坐标系下探测器动力下降段的轨道动力学模型(2.27),当考虑系统的参数不确定性及外部干扰时,设计带有补偿项的 Terminal 滑模控制器,并针对不确定性和未知扰动的上界未知情况,设计自适应 Terminal 滑模控制,使得探测器下降轨迹和速度能够跟踪期望的标称值,即通过设计控制力满足 $r \to r_{\mathrm{d}}, v \to v_{\mathrm{d}}$,其中 r_{d} 为探测器的期望下降轨迹,v_{d} 为探测器的期望下降速度。标称轨迹设计成多项式次最优形式。

3.2.2 多项式制导律

标称轨迹制导方法就是预先设计探测器的初末状态间运动轨迹,然后控制探测器严格地跟踪这条轨迹实现安全下降并着陆到天体表面。本书参考 Apollo 登月任务采用的燃料次最优标称轨迹制导方法——多项式制导律,首先规划探测器的某一轴向上的标称加速度为一个关于时间的函数:

$$a = c_0 + c_1 t \tag{3.1}$$

其中,c_0 和 c_1 为待确定的参数。对上述加速度积分,得到标称的探测器速度和位置如下:

$$v_t = \int_{t_0}^{t} a = c_0(t - t_0) + \frac{1}{2}c_1(t - t_0)^2 + v_0 \tag{3.2}$$

$$r_t = \int_{t_0}^{t} v_t = \int_{t_0}^{t}\int_{t_0}^{t} a = \frac{1}{2}c_0(t - t_0)^2 + \frac{1}{6}c_1(t - t_0)^3 + v_0(t - t_0) + r_0 \tag{3.3}$$

在已知探测器初态 r_0、v_0 和末态 r_t、v_t 情况下,可以求出 c_0、c_1。

$$c_0 = -\frac{2v_t + 4v_0}{t_{\mathrm{go}}} + 6\frac{r_t - r_0}{t_{\mathrm{go}}^2},\quad c_1 = \frac{6v_t + 6v_0}{t_{\mathrm{go}}^2} - 12\frac{r_t - r_0}{t_{\mathrm{go}}^3} \tag{3.4}$$

假设初始时刻从零开始，当从初始位置到达最终状态的时间 t_{go} 也已知时，将式(3.4)代入式(3.2)和式(3.3)，可以得到探测器位置和速度的期望轨迹如下：

$$r_d(t)=r_0+v_0t+(3r_t-3r_0-2v_0t_{go})(t/t_{go})^2+(2r_0+v_0t_{go}-2r_t)(t/t_{go})^3 \tag{3.5}$$

$$v_d(t)=v_0(6r_t-6r_0-4v_0t_{go})t/t_{go}^2+(6r_0+3v_0t_{go}-6r_t)t^2/t_{go}^3 \tag{3.6}$$

3.2.3　自适应 Terminal 滑模控制器设计

根据小天体附近动力学环境特点，令远离小天体质心的方向为力的正方向，小天体绕最大惯量轴自旋角速度 ω_0 值较小，忽略平方项，则可以将小天体固连坐标系中探测器的轨道动力学模型(2.27)表示为三轴标量形式

$$\begin{cases}\dot{R}_{cx}=V_{Lx}\\ \dot{R}_{cy}=V_{Ly}\\ \dot{R}_{cz}=V_{Lz}\\ \dot{V}_{Lx}=a_x-U_x+2\omega_0V_{Ly}+d_x\\ \dot{V}_{Ly}=a_y-U_y-2\omega_0V_{Lx}+d_y\\ \dot{V}_{Lz}=a_z-U_z+d_z\end{cases} \tag{3.7}$$

其中，V_{Lx}、V_{Ly}、V_{Lz} 为探测器速度矢量在小天体固连坐标系各轴上的投影；$U_x=\dfrac{\partial U}{\partial x}$、$U_y=\dfrac{\partial U}{\partial y}$、$U_z=\dfrac{\partial U}{\partial z}$为探测器所受的小天体引力在固连坐标系各轴上的投影，由式(2.5)至式(2.7)球谐级数展开的方法计算得到；ω_0 为小天体自转角速度；a_x、a_y、a_z 分别为控制加速度在三个轴上的分量；d_x、d_y、d_z 为外界不确定性和扰动加速度总和，包括引力高阶项、太阳光压和第三体引力等。

设 $x_{11}=R_{cx}$，$x_{12}=R_{cy}$，$x_{21}=R_{cz}$，$x_{22}=V_{Ly}$，$x_{31}=R_{cz}$，$x_{32}=V_{Lz}$，则式(3.7)轨道动力学模型可以表示为如下形式：

$$\begin{cases}\dot{x}_{11}=x_{12}\\ \dot{x}_{12}=a_x-U_x+2\omega_0x_{22}+d_x\\ \dot{x}_{21}=x_{22}\\ \dot{x}_{22}=a_y-U_y-2\omega_0x_{12}+d_y\\ \dot{x}_{31}=x_{32}\\ \dot{x}_{32}=a_z-U_z+d_z\end{cases} \tag{3.8}$$

进而，令

$$f(\boldsymbol{X},t)=\begin{bmatrix}-U_x+2\omega_0x_{22}\\ -U_y-2\omega_0x_{12}\\ -U_z\end{bmatrix},\quad b(\boldsymbol{X},t)=\begin{bmatrix}1&0&0\\0&1&0\\0&0&1\end{bmatrix}$$

小天体不规则引力高阶项和光压等引起的模型不确定性和扰动分别为 $\Delta f(x)$ 和 $d(t)$，

因此上述模型(3.8)可以表示为如下仿射非线性系统:

$$\begin{cases}\dot{x}_1=\boldsymbol{x}_2\\ \dot{x}_2=f(\boldsymbol{X},t)+\Delta f(\boldsymbol{X},t)+b(\boldsymbol{X},t)u+d(t)\end{cases}$$

$$\boldsymbol{X}[\boldsymbol{x}_1^{\mathrm{T}} \quad \boldsymbol{x}_2^{\mathrm{T}}]^{\mathrm{T}}=[\boldsymbol{x}_1^{\mathrm{T}} \quad \dot{x}_1^{\mathrm{T}}]^{\mathrm{T}} \tag{3.9}$$

由于假设系统不确定性和扰动有界,即

$$|\Delta f(\boldsymbol{X},t)|\leqslant F(\boldsymbol{X},t),\ |d(t)|\leqslant D(t) \tag{3.10}$$

其中,$F(\boldsymbol{X},t)$ 和 $D(t)$ 都是非负函数。

定义误差向量

$$\boldsymbol{E}=\boldsymbol{X}-\boldsymbol{X}_{\mathrm{d}}=[\boldsymbol{e}^{\mathrm{T}} \quad \dot{e}^{\mathrm{T}}]^{\mathrm{T}} \tag{3.11}$$

其中

$$\boldsymbol{e}=\boldsymbol{x}_{\mathrm{i}}-\boldsymbol{x}_{\mathrm{id}}=[e_1 \quad e_2 \quad e_3]^{\mathrm{T}}$$

设计滑模面方程为

$$\sigma(\boldsymbol{X},t)=\boldsymbol{CE}-\boldsymbol{W}(t) \tag{3.12}$$

其中,$\boldsymbol{C}=[C_1 \quad C_2]$,为常矩阵,且

$$\boldsymbol{W}(t)=\boldsymbol{CP}(t)$$

$$\boldsymbol{P}(t)=[\boldsymbol{p}(t)^{\mathrm{T}} \quad \dot{p}(t)^{\mathrm{T}}]^{\mathrm{T}}$$

$$\boldsymbol{p}(t)=[p_1(t) \quad p_2(t) \quad p_3(t)]^{\mathrm{T}}$$

并且满足条件:对于常量 $T>0$,$p_i(t)$ 在 $[0,T]$ 内有界,使得

$$p_i(0)=e_i(0)$$

$$\dot{p}_i(0)=\dot{e}_i(0)$$

$$p_i^{(2)}(0)=e_i^{(2)}(0) \quad i=1,2,3 \tag{3.13}$$

选取 $p_i(t)$ 为

$$p_i(t)=\begin{cases}\sum\limits_{k=0}^{n}\dfrac{1}{k!}e_{\mathrm{i}}(0)^{(k)}t^k+\sum\limits_{j=0}^{n}\left(\sum\limits_{l=0}^{n}\dfrac{a_{jl}}{T^{j-l+n+1}}e_i(0)^{(l)}\right)\cdot t^{j+n+1},0\leqslant t\leqslant T\\ 0,t>T\end{cases} \tag{3.14}$$

本书中的阶次 $n=2$,通过求解方程(3.13)可以求出式(3.14)中的系数 a_{jl},并得到滑模面(3.12)的具体表述形式。

$$\begin{cases}a_{00}=-10\\ a_{10}=15\\ a_{20}=-6\end{cases}$$

$$\begin{cases}a_{01}=-6\\ a_{11}=8\\ a_{21}=-3\end{cases}$$

$$\begin{cases}a_{02}=-1.5\\ a_{12}=1.5\\ a_{22}=-0.5\end{cases}$$

将滑模面求导后,得到

$$\begin{aligned}\dot{\sigma}(\boldsymbol{X},t) &= \boldsymbol{CE} - \boldsymbol{C}\dot{P}(t)\\ &= \boldsymbol{C}\cdot[\dot{e}^{\mathrm{T}} \quad \ddot{e}^{\mathrm{T}}]^{\mathrm{T}} - \boldsymbol{C}\cdot[\dot{p}^{\mathrm{T}}(t) \quad \ddot{p}^{\mathrm{T}}(t)]^{\mathrm{T}}\\ &= \boldsymbol{C}_2[\ddot{e} - \ddot{p}(t)] + \sum_{k=1}^{n-1} C_k[e^{(k)} - p^{(k)}(t)]\\ &= \boldsymbol{C}_2[\ddot{x}_1 - \ddot{x}_{1\mathrm{d}} - \ddot{p}(t)] + \boldsymbol{C}_1[\dot{e} - \dot{p}(t)]\\ &= \boldsymbol{C}_2[\dot{x}_2 - \ddot{x}_{1\mathrm{d}} - \ddot{p}(t)] + \boldsymbol{C}_1[\dot{e} - \dot{p}(t)]\end{aligned} \tag{3.15}$$

将式(3.14)代入式(3.15),得到

$$\dot{\sigma}(\boldsymbol{X},t) = \boldsymbol{C}_2[f(\boldsymbol{X},t) + \Delta f(\boldsymbol{X},t) + b(\boldsymbol{X},t)u + d(t) - \ddot{x}_{1\mathrm{d}} - \ddot{p}(t)] + \boldsymbol{C}_1[\dot{e} - \dot{p}(t)] \tag{3.16}$$

设计 Terminal 滑模控制器为

$$\begin{aligned}u(t) = &-b(\boldsymbol{X},t)^{-1}\{f(\boldsymbol{X},t) - \ddot{x}_{1\mathrm{d}} - \ddot{p}(t) + C_2^{-1}C_1[\dot{e} - \dot{p}(t)]\} -\\ &b(\boldsymbol{X},t)^{-1}\frac{\boldsymbol{C}_2^{\mathrm{T}}\boldsymbol{\sigma}}{\|\boldsymbol{C}_2^{\mathrm{T}}\boldsymbol{\sigma}\|}\{F(\boldsymbol{X},t) + D(t) + \boldsymbol{K}\}\end{aligned} \tag{3.17}$$

其中,$\boldsymbol{K}$ 为正定常数矩阵。

定理 3.1　针对小天体附近探测器运动轨道模型(3.7)和已给出的假设,系统跟踪误差向量定义为式(3.11),设计滑模面公式(3.12),则系统将在有限时间 T 内收敛到滑模面 $\sigma=0$,跟踪误差在 Terminal 滑模控制器式(3.17)的作用下渐近稳定收敛于原点。

证明:针对控制器(3.11)作用下的轨道系统(3.7)选取李雅普若夫函数为

$$V = \frac{1}{2}\boldsymbol{\sigma}^{\mathrm{T}}\boldsymbol{\sigma} \tag{3.18}$$

对式(3.18)求导得

$$\begin{aligned}\dot{V} &= \boldsymbol{\sigma}^{\mathrm{T}}\dot{\boldsymbol{\sigma}}\\ &= \boldsymbol{\sigma}^{\mathrm{T}}\boldsymbol{C}_2\{f(\boldsymbol{X},t) - \ddot{x}_{1\mathrm{d}} - \ddot{p}(t) + \boldsymbol{C}_2^{-1}\boldsymbol{C}_1[\dot{e} - \dot{p}(t)]\} + \boldsymbol{\sigma}^{\mathrm{T}}\boldsymbol{C}_2 b(\boldsymbol{X},t)u + \boldsymbol{\sigma}^{\mathrm{T}}\boldsymbol{C}_2[\Delta f(\boldsymbol{X},t) + d(t)]\\ &\leqslant \boldsymbol{\sigma}^{\mathrm{T}}\boldsymbol{C}_2\{f(\boldsymbol{X},t) - \ddot{x}_{1\mathrm{d}} - \ddot{p}(t) + \boldsymbol{C}_2^{-1}\boldsymbol{C}_1[\dot{e} - \dot{p}(t)]\} + \boldsymbol{\sigma}^{\mathrm{T}}\boldsymbol{C}_2 b(\boldsymbol{X},t)u + \|\boldsymbol{\sigma}^{\mathrm{T}}\boldsymbol{C}_2\|\cdot\\ &\quad\ \|\Delta f(\boldsymbol{X},t) + d(t)\|\end{aligned} \tag{3.19}$$

将控制器表达式(3.17)代入式(3.19)得

$$\begin{aligned}\dot{V} &\leqslant \|\boldsymbol{C}_2^{\mathrm{T}}\boldsymbol{\sigma}\|\cdot\{\|\Delta f(\boldsymbol{X},t) + d(t)\| - [F(\boldsymbol{X},t) + D(t)]\} - \boldsymbol{K}\|\boldsymbol{C}_2^{\mathrm{T}}\boldsymbol{\sigma}\|\\ &= \|\boldsymbol{C}_2^{\mathrm{T}}\boldsymbol{\sigma}\|\{[\|\Delta f(\boldsymbol{X},t)\| - F(\boldsymbol{X},t)][\|d(t)\| - D(t)]\} - \boldsymbol{K}\|\boldsymbol{C}_2^{\mathrm{T}}\boldsymbol{\sigma}\|\\ &\leqslant -\boldsymbol{K}\|\boldsymbol{C}_2^{\mathrm{T}}\boldsymbol{\sigma}\| < 0\end{aligned} \tag{3.20}$$

根据前面的假设和滑模面方程,得到

$$\begin{aligned}\boldsymbol{\sigma}(\boldsymbol{X},0) &= \boldsymbol{CE}(0) - \boldsymbol{W}(0)\\ &= \boldsymbol{CE}(0) - \boldsymbol{P}(0)\\ &= \boldsymbol{C}\{[\boldsymbol{e}(0)^{\mathrm{T}} \quad \dot{e}(0)^{\mathrm{T}}]^{\mathrm{T}} - [\boldsymbol{p}(0)^{\mathrm{T}} \quad \dot{p}(0)^{\mathrm{T}}]^{\mathrm{T}}\}\\ &= 0\end{aligned} \tag{3.21}$$

从式(3.21)可以看出,系统的初始状态已经在滑模面上,消除了滑模控制的到达阶段,确保了闭环系统的全局鲁棒性和稳定性。

由于小天体附近环境的复杂性,第三体引力、光压和小天体自旋等引起的扰动上界往

往很难获得;另外,如果Terminal滑模控制律的参数选取过大,那么有效性不够好,因此带有参数自适应更新律的Terminal滑模控制对于估计未知不确定性和扰动具有一定的有效性。下面针对不确定性和扰动上界未知情况下的探测器动力下降到小天体附近的运动设计一种自适应Terminal滑模控制律。

假设3.3 不确定性 $\Delta f(\boldsymbol{X},t)$ 和外界扰动 $d(t)$ 的上界未知,并且满足下列不等式

$$\|\Delta f(\boldsymbol{X},t)+d(t)\|\leqslant\delta_0+\delta_1\|\boldsymbol{X}\| \tag{3.22}$$

其中,δ_0 和 δ_1 都是未知的非负常数。采用如下自适应律估计不确定性和扰动上界中的未知参数

$$\begin{aligned}\dot{\hat{\delta}}_0(t,\boldsymbol{X})&=\rho_0^{-1}\|\boldsymbol{C}_n^{\mathrm{T}}\boldsymbol{\sigma}\|\\ \dot{\hat{\delta}}_1(t,\boldsymbol{X})&=\rho_1^{-1}\|\boldsymbol{C}_n^{\mathrm{T}}\boldsymbol{\sigma}\|\cdot\|\boldsymbol{X}\|\end{aligned} \tag{3.23}$$

其中,$\hat{\delta}_0(t,\boldsymbol{X})=\bar{\delta}_0(t,\boldsymbol{X})-\delta_0$,$\hat{\delta}_1(t,\boldsymbol{X})=\bar{\delta}_1(t,\boldsymbol{X})-\delta_1$。

$\bar{\delta}_0(t,\boldsymbol{X})$ 和 $\bar{\delta}_1(t,\boldsymbol{X})$ 是未知参数 δ_0 和 δ_1 的自适应估计,ρ_0 和 ρ_1 为正的自适应增益,由于 δ_0 和 δ_1 都是常数,重写式(3.23)为下面形式

$$\begin{aligned}\dot{\bar{\delta}}_0(t,\boldsymbol{X})&=\rho_0^{-1}\|\boldsymbol{C}_n^{\mathrm{T}}\boldsymbol{\sigma}\|\\ \dot{\bar{\delta}}_1(t,\boldsymbol{X})&=\rho_1^{-1}\|\boldsymbol{C}_n^{\mathrm{T}}\boldsymbol{\sigma}\|\cdot\|\boldsymbol{X}\|\end{aligned} \tag{3.24}$$

设计自适应终端滑模控制律为

$$\begin{aligned}u(t)=&-b(\boldsymbol{X},t)^{-1}\{f(\boldsymbol{X},t)-\ddot{x}_{1\mathrm{d}}-\ddot{p}(t)+\boldsymbol{C}_2^{-1}\boldsymbol{C}_1[\dot{e}-\dot{p}(t)]\}-\\&b(\boldsymbol{X},t)^{-1}\frac{\boldsymbol{C}_2^{\mathrm{T}}\boldsymbol{\sigma}}{\|\boldsymbol{C}_2^{\mathrm{T}}\boldsymbol{\sigma}\|}[(\bar{\delta}_0\bar{\delta}_1\|\boldsymbol{X}\|)+\boldsymbol{K}]\end{aligned} \tag{3.25}$$

其中,$\boldsymbol{K}$ 是正定常数矩阵。

定理3.2 针对小天体附近探测器运动的轨道模型(3.7)和已给出的假设3.3,系统跟踪误差向量定义为式(3.11),设计滑模面公式(3.12),不确定性和干扰上界估计值的自适应律为式(3.24),$\bar{\delta}_0(t,\boldsymbol{X})$ 和 $\bar{\delta}_1(t,\boldsymbol{X})$ 是未知参数 δ_0 和 δ_1 的估计值,则系统将在有限时间 T 内收敛到滑模面 $\sigma=0$,跟踪误差在自适应Terminal滑模控制器式(3.25)的作用下渐近稳定收敛于原点。

证明:针对控制器(3.25)作用下的轨道系统(3.7)选取李雅普诺夫函数为

$$2V(\boldsymbol{\sigma},\hat{\delta}_0,\hat{\delta}_1)=\boldsymbol{\sigma}^{\mathrm{T}}\boldsymbol{\sigma}+\rho_0\hat{\delta}_0^2+\rho_1\hat{\delta}_1^2 \tag{3.26}$$

对式(3.26)求导后,得到

$$\begin{aligned}\dot{V}(\boldsymbol{\sigma},\hat{\delta}_0,\hat{\delta}_1)=&\boldsymbol{\sigma}^{\mathrm{T}}\dot{\sigma}+\rho_0\hat{\delta}_0\dot{\hat{\delta}}_0+\rho_1\hat{\delta}_1\dot{\hat{\delta}}_1\\=&\boldsymbol{\sigma}^{\mathrm{T}}\boldsymbol{C}_2[f(\boldsymbol{X},t)+\Delta f(\boldsymbol{X},t)+b(\boldsymbol{X},t)u+d(t)-\ddot{x}_{1\mathrm{d}}-\ddot{p}(t)]+\\&\boldsymbol{C}_1[\dot{e}-\dot{p}(t)]+\rho_0\hat{\delta}_0\dot{\hat{\delta}}_0+\rho_1\hat{\delta}_1\dot{\hat{\delta}}_1\\\leqslant&\boldsymbol{\sigma}^{\mathrm{T}}\boldsymbol{C}_2[f(\boldsymbol{X},t)+b(\boldsymbol{X},t)u-\ddot{x}_{1\mathrm{d}}-\ddot{p}(t)]+\boldsymbol{C}_1[\dot{e}-\dot{p}(t)]+\|\boldsymbol{C}_n^{\mathrm{T}}\boldsymbol{\sigma}\|\cdot\\&(\delta_0+\delta_1\|\boldsymbol{X}\|)+\rho_0\hat{\delta}_0\dot{\hat{\delta}}_0+\rho_1\hat{\delta}_1\dot{\hat{\delta}}_1\end{aligned} \tag{3.27}$$

将最终的控制律表达式(3.25)代入式(3.27),得到

$$\begin{aligned}\dot{V}(\boldsymbol{\sigma},\hat{\delta}_0,\hat{\delta}_1) &\leqslant \|\boldsymbol{C}_2^{\mathrm{T}}\boldsymbol{\sigma}\| \cdot \{(\bar{\delta}_0+\bar{\delta}_1\|\boldsymbol{X}\|)+\boldsymbol{K}\} - \|\boldsymbol{C}_2^{\mathrm{T}}\sigma\|(\delta_0+\delta_1\|\boldsymbol{X}\|)+\rho_0\hat{\delta}_0\dot{\hat{\delta}}_0+\rho_1\hat{\delta}_1\dot{\hat{\delta}}_1 \\ &= -\boldsymbol{K}\|\boldsymbol{C}_2^{\mathrm{T}}\sigma\|+\hat{\delta}_0(\rho_0\dot{\hat{\delta}}_0-\|\boldsymbol{C}_2^{\mathrm{T}}\boldsymbol{\sigma}\|)+\hat{\delta}_1(\rho_1\dot{\hat{\delta}}_0-\|\boldsymbol{C}_2^{\mathrm{T}}\boldsymbol{\sigma}\|\cdot\|\boldsymbol{X}\|) \\ &\leqslant -\boldsymbol{K}\|\boldsymbol{C}_2^{\mathrm{T}}\boldsymbol{\sigma}\| \\ &\leqslant 0\end{aligned} \tag{3.28}$$

进一步化简,有

$$\dot{V}(\boldsymbol{\sigma},\hat{\delta}_0,\hat{\delta}_1)=\boldsymbol{\sigma}^{\mathrm{T}}\sigma+\rho_0\hat{\delta}_0\dot{\hat{\delta}}_0+\rho_1\hat{\delta}_1\dot{\hat{\delta}}\leqslant-\boldsymbol{K}\|\boldsymbol{C}_2^{\mathrm{T}}\boldsymbol{\sigma}\| \tag{3.29}$$

也就是得到

$$\boldsymbol{\sigma}^{\mathrm{T}}\dot{\sigma}+\rho_0\hat{\delta}_0\rho_0^{-1}\|\boldsymbol{C}_2^{\mathrm{T}}\boldsymbol{\sigma}\|+\rho_1\hat{\delta}_1\rho_1^{-1}\|\boldsymbol{C}_2^{\mathrm{T}}\boldsymbol{\sigma}\|\|\boldsymbol{X}\|\leqslant-\boldsymbol{K}\|\boldsymbol{C}_2^{\mathrm{T}}\boldsymbol{\sigma}\|-$$

$$\boldsymbol{\sigma}^{\mathrm{T}}\dot{\sigma}\hat{\delta}_0\boldsymbol{P}\boldsymbol{C}_2^{\mathrm{T}}\boldsymbol{\sigma}\boldsymbol{P}+\hat{\delta}_1\boldsymbol{P}\boldsymbol{C}_2^{\mathrm{T}}\boldsymbol{\sigma}\boldsymbol{P}\times\|\boldsymbol{X}\|+\boldsymbol{K}\|\boldsymbol{P}\boldsymbol{C}_2^{\mathrm{T}}\boldsymbol{\sigma}\|\geqslant0$$

$$\|\boldsymbol{\sigma}\|\cdot\|\dot{\sigma}\|\geqslant\hat{\delta}_0\|\boldsymbol{C}_2^{\mathrm{T}}\boldsymbol{\sigma}\|+\hat{\delta}_1\|\boldsymbol{C}_2^{\mathrm{T}}\boldsymbol{\sigma}\|\cdot\|\boldsymbol{X}\|+\boldsymbol{K}\|\boldsymbol{C}_2^{\mathrm{T}}\boldsymbol{\sigma}\|$$

$$\|\dot{\sigma}\|\geqslant\frac{\hat{\delta}_0\|\boldsymbol{C}_2^{\mathrm{T}}\boldsymbol{\sigma}\|+\hat{\delta}_1\|\boldsymbol{C}_2^{\mathrm{T}}\boldsymbol{\sigma}\|\cdot\|\boldsymbol{X}\|+\boldsymbol{K}\|\boldsymbol{C}_2^{\mathrm{T}}\boldsymbol{\sigma}\|}{\|\sigma\|}(\|\boldsymbol{\sigma}\|\neq0)$$

不失一般性,如果选取 $\boldsymbol{C}_2=\begin{bmatrix}1&0\\0&1\end{bmatrix}$,则

$$\|\dot{\sigma}\|=\frac{\hat{\delta}_0\|\boldsymbol{\sigma}\|+\hat{\delta}_1\|\boldsymbol{\sigma}\|\cdot\|\boldsymbol{X}\|+\boldsymbol{K}\|\boldsymbol{\sigma}\|}{\|\boldsymbol{\sigma}\|}=\hat{\delta}_0+\hat{\delta}_1\cdot\|\boldsymbol{X}\|+\boldsymbol{K}>\boldsymbol{K}(\|\boldsymbol{\sigma}\|\neq0) \tag{3.30}$$

因此,滑模面 σ 能在有限时间内收敛到零。

同时,为了减少抖振,用连续函数矢量 $\boldsymbol{S}_\varepsilon$ 代替式中的$\dfrac{\boldsymbol{C}_2^{\mathrm{T}}\boldsymbol{\sigma}}{\|\boldsymbol{C}_2^{\mathrm{T}}\boldsymbol{\sigma}\|}$,即 $\boldsymbol{S}_\varepsilon=\dfrac{\boldsymbol{C}_2^{\mathrm{T}}\boldsymbol{\sigma}}{\|\boldsymbol{C}_2^{\mathrm{T}}\boldsymbol{\sigma}\|+\varepsilon}$,$\varepsilon=\varepsilon_0+\varepsilon_1\|e\|$,$\varepsilon_0$ 和 ε_1 是两个正常数。

3.2.4　仿真研究

为验证本章提出的飞行控制方案的有效性和优越性,本小节将针对所提出的 Terminal 滑模控制算法利用 Matlab 软件进行数值仿真验证。

1998 年 12 月 24 日,NEAR 探测器从距离 Eros433 小行星 4 100 km 处飞越,随后经历了环绕飞行及软着陆探测过程,对该星的大小、形状、有无磁场和卫星等情况进行了观测。表 3.1 给出的是 Eros433 小行星的相关参数,引力计算采用式(2.6)至式(2.8)所示的球谐函数展开法,然后以该星为例进行了仿真验证。

设探测器下降的初始位置在小天体固连坐标系中为[350 km,300 km,9 000 km],初始速度为$[-1.2\ \mathrm{m/s},0.2\ \mathrm{m/s},-1.0\ \mathrm{m/s}]^{\mathrm{T}}$,末态位置和速度分别为$[20\ \mathrm{km},20\ \mathrm{km},7\ 000\ \mathrm{km}]^{\mathrm{T}}$和$[0\ \mathrm{m/s},0\ \mathrm{m/s},0\ \mathrm{m/s}]^{\mathrm{T}}$,设探测器的下降时间为 $t_{go}=1\ 000$ s。

为了能在三轴方向上实现燃料次最优,根据式(3.5)和式(3.6)对 x、y、z 轴方向的位置和速度的期望轨迹都进行了多项式轨迹规划,代入初始条件及下降时间,可以得到三轴期望轨迹。

表 3.1　Eros433 小行星的相关参数

小天体参数	仿真所选数值
密度/(g · cm^{-3})	2.67
GM/(m^3 · s^{-2})	4.842×10^5
自转周期/h	5.27
参考半径 R_e/km	16
各轴长/km	16,8,6
C_{20}	−0.043 324
C_{22}	0.058 095
C_{40}	0.008 712
C_{42}	−0.011 604
C_{44}	0.011 885

由天体自旋、引力高阶项及光压等引起的不确定性和外界扰动定义为

$$\Delta f(x)=\begin{bmatrix}0.2\sin(\omega_0 t)\cdot U_x\\0.2\sin(\omega_0 t)\cdot U_y\\0.2\sin(\omega_0 t)\cdot U_z\end{bmatrix},\quad d(t)=\begin{bmatrix}0.2\sin(2\pi t)\\0.2\sin(2\pi t)\\0.2\sin(2\pi t)\end{bmatrix}$$

控制器参数为 $K=10$, $T=10$, $\varepsilon_0=0.03$, $\varepsilon_1=1$, $\rho_0=1$, $\rho_1=1$,则有

$$\boldsymbol{C}=[C_1\quad C_2]=\begin{bmatrix}1&0&0&4&0&0\\0&1&0&0&4&0\\0&0&1&0&0&4\end{bmatrix}$$

图 3.1 至图 3.3 给出了探测器三个轴方向的位置跟踪误差曲线,图 3.4 至图 3.6 给出了探测器三个轴方向的速度跟踪误差曲线。从仿真结果可以看出探测器三个轴方向的位置和速度跟踪误差都能在 $T=10$ s 的较短时间内收敛到零,较快地到达接近期望的位置。图 3.7 至图 3.9 给出了探测器三个轴方向的控制力变化情况。图 3.10 给出了探测器下降过程的三维轨迹,可以看出是按照多项式制导轨迹下降,最终的下降位置能达到期望的高度,最终速度都能到零,为下一步安全着陆做好充分准备。图 3.11 和图 3.12 给出了普通滑模控制律作用下的位置跟踪和速度跟踪误差曲线,通过比较可以看出基于自适应 Terminal 滑模的探测器下降小天体自主控制方案具有更快的跟踪和收敛速度,使探测器快速安全下降,并且具有一定的全局鲁棒性。

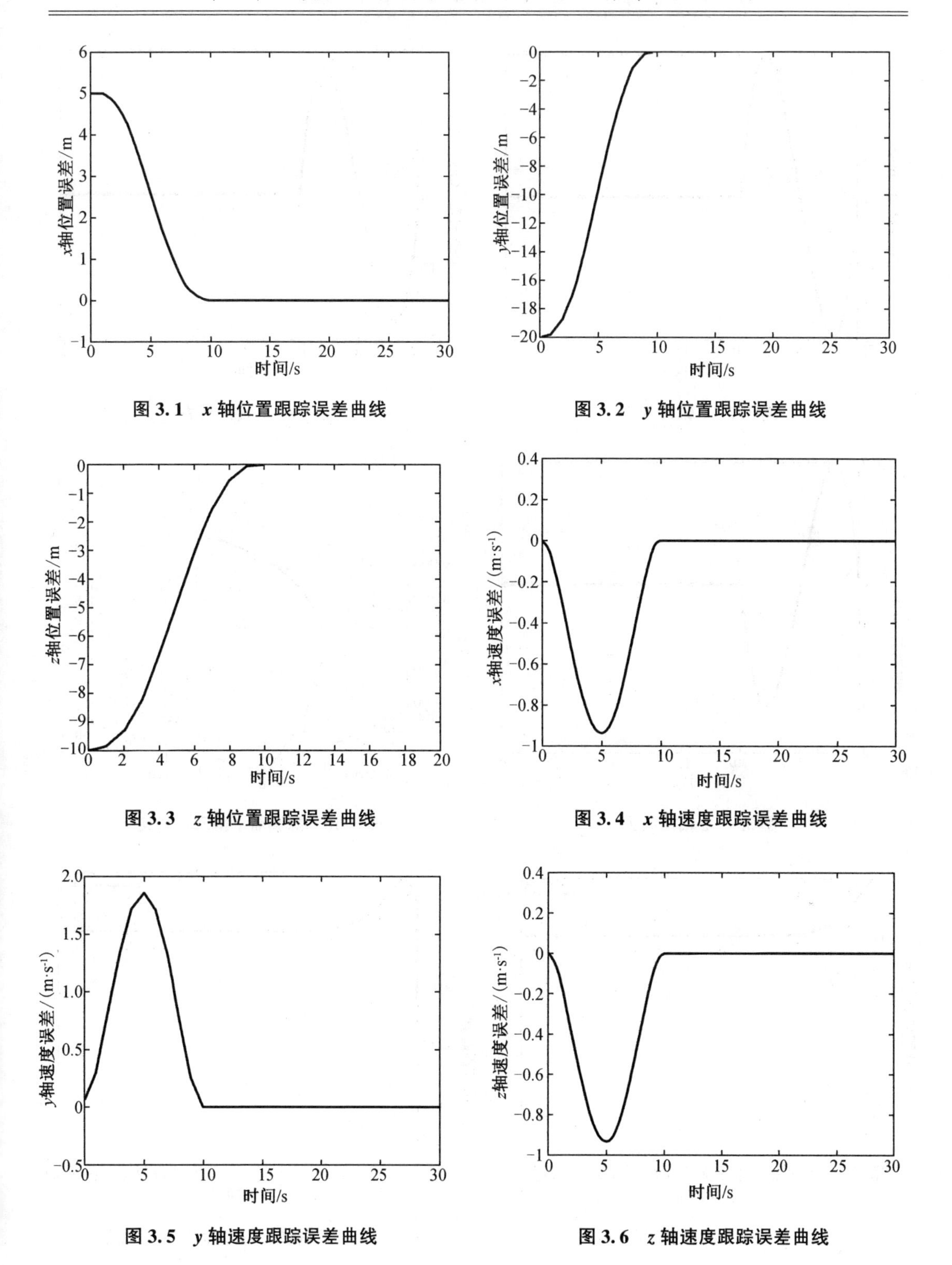

图 3.1　x 轴位置跟踪误差曲线

图 3.2　y 轴位置跟踪误差曲线

图 3.3　z 轴位置跟踪误差曲线

图 3.4　x 轴速度跟踪误差曲线

图 3.5　y 轴速度跟踪误差曲线

图 3.6　z 轴速度跟踪误差曲线

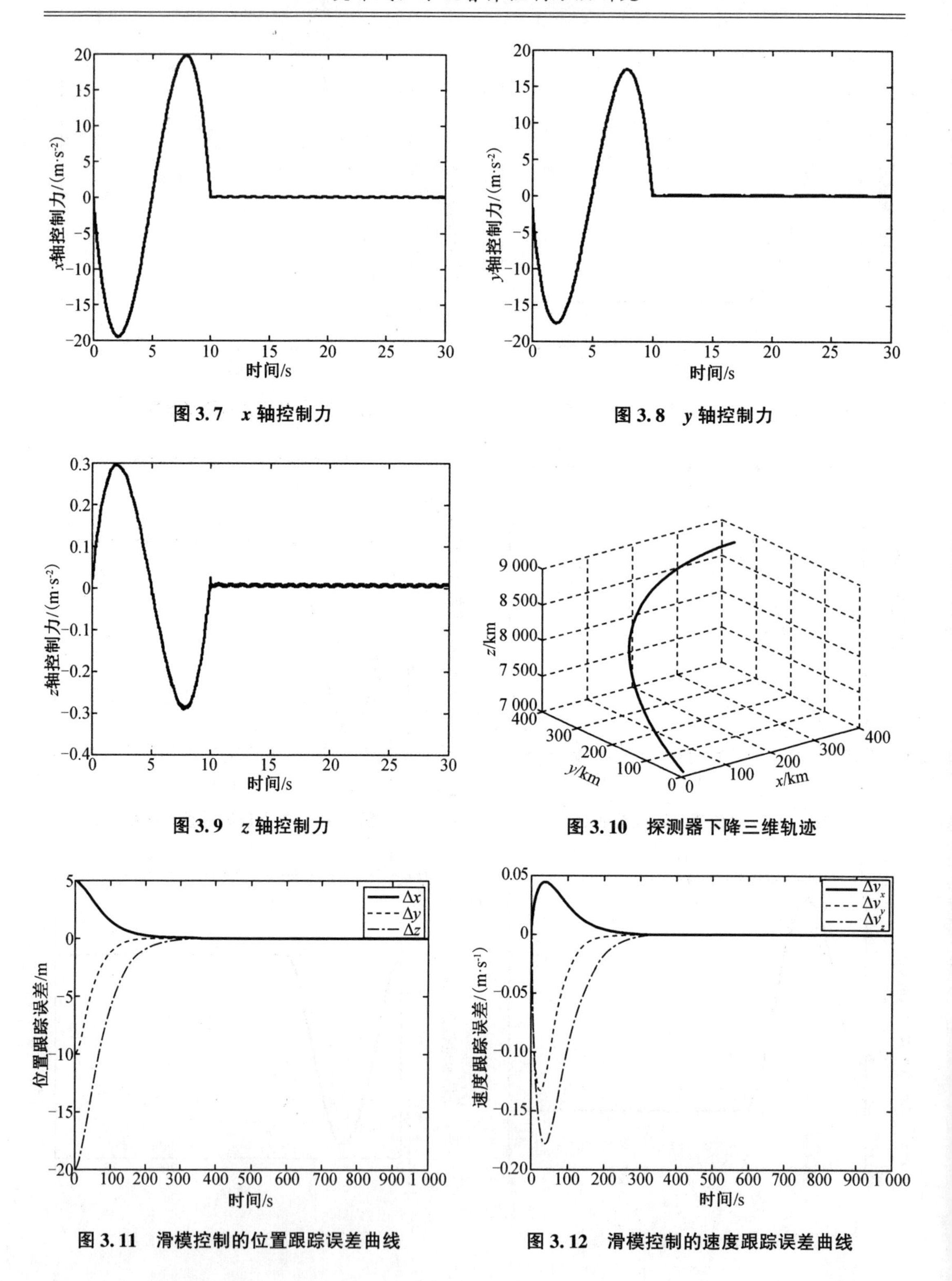

图 3.7　x 轴控制力

图 3.8　y 轴控制力

图 3.9　z 轴控制力

图 3.10　探测器下降三维轨迹

图 3.11　滑模控制的位置跟踪误差曲线

图 3.12　滑模控制的速度跟踪误差曲线

3.3　基于动态面的探测器精确软着陆制导轨迹鲁棒跟踪控制

3.3.1　问题描述

上节所设计的基于自适应 Terminal 滑模的探测器下降过程轨道控制方法，实现了探测器下降位置和速度跟踪误差都在有限时间内的收敛，有效地平滑了控制信号，但是控制器设计过程相对烦琐，不利于工程应用，另外通过设置控制器参数对跟踪性能调节不是很自由。因此，本节提出基于动态平面的制导轨迹鲁棒跟踪控制，使控制律的实施变得更加简化。

针对着陆点坐标系下的探测器最终着陆段的轨道动力学模型，同样给出下述假设条件：

假设 3.4　探测器最终着陆段的位置信号和期望的轨迹可测量、光滑且有界。

假设 3.5　系统所受的外界干扰 d_1 有界。

问题 3.2　本小节针对小天体着陆点坐标系下探测器最终着陆段的轨道动力学模型(2.31)，当考虑系统的外部干扰时，设计基于动态面的轨迹跟踪控制器，使得探测器下降轨迹和速度能够跟踪期望的标称值，即通过设计控制力满足 $r\to r_d$，$v\to v_d$，其中 r_d 为探测器的期望下降轨迹，v_d 为探测器的期望下降速度。其中标称轨迹设计成多项式次最优形式。

3.3.2　控制器设计

退步法是在每一步骤通过选取适当的状态变量作为子系统的虚拟控制输入，设计虚拟控制律达到降低整个系统维数的目的，最后得到真正的反馈控制律，从而实现最终的控制目标。而动态平面控制技术通过对虚拟控制律进行滤波，避免了求导运算。将动态平面控制技术应用于传统的退步法，实现对标称轨迹的鲁棒跟踪控制。在考虑干扰和不确定性的情况下，将系统模型(2.32)写成如下多入多出技术(MIMO)不确定系统形式

$$\begin{cases}\dot{x}_1=f_1(\boldsymbol{x}_1,\boldsymbol{x}_2)+\boldsymbol{\Delta}_1(t,\boldsymbol{x}_1,\boldsymbol{x}_2)\\ \dot{x}_2=f_2(\boldsymbol{x}_1,\boldsymbol{x}_2)+\boldsymbol{\Delta}_2(t,\boldsymbol{x}_1,\boldsymbol{x}_2)+\boldsymbol{u}\end{cases}\tag{3.31}$$

其中状态向量

$$\boldsymbol{x}_1=[x\quad y\quad z]^{\mathrm{T}}\in\mathbf{R}^3,\boldsymbol{x}_2=[\dot{x}\quad \dot{y}\quad \dot{z}]^{\mathrm{T}}\in\mathbf{R}^3,\boldsymbol{u}=\boldsymbol{a}_1=[a_{1x}\quad a_{1y}\quad a_{1z}]^{\mathrm{T}}$$

$$\begin{cases}f_1(\boldsymbol{x}_1,\boldsymbol{x}_2)=\boldsymbol{x}_2\\ f_2(\boldsymbol{x}_1,\boldsymbol{x}_2)=\begin{cases}2\omega\sin\theta\cdot\dot{y}+\omega^2\sin^2\theta\cdot x+\omega^2\sin\theta\cdot\cos\theta\cdot z+U_{1x}\\ -2\omega\sin\theta\cdot\dot{x}-2\omega\cos\theta\cdot\dot{z}+\omega^2\cdot y+U_{1y}\\ 2\omega\cos\theta\cdot\dot{y}+\omega^2\sin\theta\cdot\cos\theta\cdot x+\omega^2\cos^2\theta\cdot z+U_{1z}\end{cases}\end{cases}$$

由于探测器距离小天体表面较近，受到的不规则引力加速度采用式(2.10)所述的多面体逼近法，并经过$[U_{1x}\quad U_{1y}\quad U_{1z}]^{\mathrm{T}}=(\boldsymbol{T}_1^{\mathrm{L}})^{-1}[U_x\quad U_y\quad U_z]^{\mathrm{T}}$ 转换到着陆点坐标系下的引力加速度。$\boldsymbol{\Delta}_1(t,\boldsymbol{x}_1,\boldsymbol{x}_2)=0$，$\boldsymbol{\Delta}_2(t,\boldsymbol{x}_1,\boldsymbol{x}_2)=d_1$ 为未知外界干扰、建模误差及未建模动态的合成

项。系统合成扰动满足$\|\boldsymbol{\Delta}_2(t,\boldsymbol{x}_1,\boldsymbol{x}_2)\|\leqslant\sigma$,其中$\sigma$为已知的正常数。

针对模型(3.31),将动态平面控制技术与传统的退步法相结合递推设计跟踪控制器,整个设计过程为:

第一步:考虑模型(3.31)的第一个方程,定义第一个误差状态向量

$$\boldsymbol{S}_1=\boldsymbol{x}_1-\boldsymbol{x}_{1\mathrm{d}} \tag{3.32}$$

其中,$\boldsymbol{x}_{1\mathrm{d}}$为期望位置信号,对其求导得

$$\dot{S}_1=\boldsymbol{x}_2-\dot{\boldsymbol{x}}_{1\mathrm{d}} \tag{3.33}$$

选取虚拟控制

$$\boldsymbol{x}_{2\mathrm{d}}=-\boldsymbol{k}_1\cdot\boldsymbol{S}_1+\dot{x}_{1\mathrm{d}} \tag{3.34}$$

其中,$\boldsymbol{k}_1$为常值参数对角矩阵。

为了避免在后续步骤中对$\boldsymbol{x}_{2\mathrm{d}}$中的非线性项求导,解决计算膨胀问题,这里引入一个新的状态变量z_2,它是由$\boldsymbol{x}_{2\mathrm{d}}$通过时间常数为$\tau_\mathrm{d}$的一阶滤波器得到的估计值,即

$$\tau_\mathrm{d}\dot{z}_2+z_2=\boldsymbol{x}_{2\mathrm{d}},z_2(0)=\boldsymbol{x}_{2\mathrm{d}}(0) \tag{3.35}$$

同时,这样设计是一阶惯性环节对执行机构动态延迟特性在模型上的补偿,更接近实际。

第二步:定义第二个误差向量为

$$\boldsymbol{S}_2=\boldsymbol{x}_2-z_2 \tag{3.36}$$

对上式等号求导,并代入模型(3.31)的第二个方程得

$$\dot{S}_2=\boldsymbol{u}+f_2(\boldsymbol{x}_1,\boldsymbol{x}_2)+\boldsymbol{\Delta}_2(t,\boldsymbol{x}_1,\boldsymbol{x}_2)-\dot{z}_2 \tag{3.37}$$

所以设计最终控制律为

$$\boldsymbol{u}=-f_2(\boldsymbol{x}_1,\boldsymbol{x}_2)+\dot{z}_2-\boldsymbol{k}_2\cdot\boldsymbol{S}_2 \tag{3.38}$$

其中,$\boldsymbol{k}_2$为常值参数对角矩阵。

定理3.3 若假设3.4和3.5成立,采用控制律(3.38),任意给定正数p,如果选取闭环系统的初始条件满足$\boldsymbol{S}_1^\mathrm{T}\boldsymbol{S}_1+\boldsymbol{S}_2^\mathrm{T}\boldsymbol{S}_2+\boldsymbol{e}_2^\mathrm{T}\boldsymbol{e}_2\leqslant 2p$,则总存在控制器参数$k_1$、$k_2$和$\tau_\mathrm{d}$,使得小天体附近探测器着陆轨道模型(3.31)所有信号一致有界,稳态跟踪误差收敛到原点的一个小邻域内。

证明:首先定义

$$\boldsymbol{e}_2=z_2-\boldsymbol{x}_{2\mathrm{d}} \tag{3.39}$$

对其求导得

$$\dot{e}_2=-\frac{\boldsymbol{e}_2}{\tau}-\boldsymbol{x}_{2\mathrm{d}}=-\frac{\boldsymbol{e}_2}{\tau}+\boldsymbol{M}_2 \tag{3.40}$$

则系统的误差动态方程为

$$\begin{cases}\dot{S}_1=-\boldsymbol{k}_1\cdot\boldsymbol{S}_1+\boldsymbol{S}_2+\boldsymbol{e}_2\\ \dot{S}_2=-\boldsymbol{k}_2\cdot\boldsymbol{S}_2+\boldsymbol{\Delta}_2(t,\boldsymbol{x}_1,\boldsymbol{x}_2)\end{cases} \tag{3.41}$$

选取系统李雅普诺夫函数为

$$\boldsymbol{V}=\frac{1}{2}(\boldsymbol{S}_1^\mathrm{T}\boldsymbol{S}_1+\boldsymbol{S}_2^\mathrm{T}\boldsymbol{S}_2+\boldsymbol{e}_2^\mathrm{T}\dot{e}_2) \tag{3.42}$$

对式(3.42)求导,并将式(3.40)和式(3.41)代入,得到

$$\begin{aligned}\dot{V}&=\frac{1}{2}(\boldsymbol{S}_1^{\mathrm{T}}\dot{S}_1+\boldsymbol{S}_2^{\mathrm{T}}\dot{S}_2+\boldsymbol{e}_2^{\mathrm{T}}\dot{e}_2)\\&=-\boldsymbol{S}_1^{\mathrm{T}}\boldsymbol{k}_1\boldsymbol{S}_1+\boldsymbol{S}_1^{\mathrm{T}}\boldsymbol{S}_2+\boldsymbol{S}_1^{\mathrm{T}}\boldsymbol{e}_2-\boldsymbol{S}_2^{\mathrm{T}}\boldsymbol{k}_2\boldsymbol{S}_2+\boldsymbol{S}_2^{\mathrm{T}}\Delta_2(t,\boldsymbol{x}_1,\boldsymbol{x}_2)-\frac{\boldsymbol{e}_2^{\mathrm{T}}\boldsymbol{e}_2}{\tau_{\mathrm{d}}}\boldsymbol{e}_2^{\mathrm{T}}\boldsymbol{M}_2\end{aligned}\tag{3.43}$$

由边界条件$\|\Delta_2\|\leqslant\sigma$,可以得到如下不等式:

$$\dot{V}\leqslant-k_{1\mathrm{m}}\|\boldsymbol{S}_1\|^2+\|\boldsymbol{S}_1\|\cdot\|\boldsymbol{S}_2\|+\|\boldsymbol{S}_1\|\cdot\|\boldsymbol{e}_2\|-k_{2\mathrm{m}}\|\boldsymbol{S}_2\|^2+\sigma\|\boldsymbol{S}_2\|-\frac{\|\boldsymbol{e}_2\|^2}{\tau_{\mathrm{d}}}+\|\boldsymbol{e}_2\|\cdot\|\boldsymbol{M}_2\|\tag{3.44}$$

其中,$k_{1\mathrm{m}}$ 和 $k_{2\mathrm{m}}$ 是常数矩阵的最小特征值。

假设 η 为任意正常数,V 为正定函数。由于存在如下不等式:

$$\begin{cases}\|\boldsymbol{a}\|\cdot\|\boldsymbol{b}\|\leqslant\|\boldsymbol{a}\|^2+\dfrac{1}{4}\|\boldsymbol{b}\|^2\\c\|\boldsymbol{a}\|\leqslant\|\boldsymbol{a}\|^2+\dfrac{1}{4}c^2\\\|\boldsymbol{a}\|\cdot\|\boldsymbol{V}\|\leqslant\dfrac{\|\boldsymbol{a}\|^2\|\boldsymbol{V}\|^2}{2\eta}+\dfrac{\eta}{2}\end{cases}\tag{3.45}$$

根据式(3.45),可以将式(3.44)进一步简化

$$\dot{V}\leqslant(-k_{1\mathrm{m}}+2)\|\boldsymbol{S}_1\|^2+\left(-k_{2\mathrm{m}}+\frac{5}{4}\right)\|\boldsymbol{S}_2\|^2+\frac{\sigma^2}{4}+\left(\frac{1}{4}-\frac{1}{\tau_{\mathrm{d}}}\right)\|\boldsymbol{y}_2\|^2+\frac{\|\boldsymbol{y}_2\|^2\cdot\|\boldsymbol{M}_2\|^2}{2\eta}+\frac{\eta}{2}\tag{3.46}$$

存在函数 α_1 和 α_2,使得 $\alpha_1(\|\boldsymbol{Y}\|)\leqslant\|\boldsymbol{M}_2\|^2\leqslant\alpha_2(\|\boldsymbol{Y}\|)$,其中,$\boldsymbol{Y}$ 是 $\boldsymbol{M}_2$ 的状态向量。因此,可以将不等式(3.46)写为

$$\begin{aligned}\dot{V}&\leqslant(-k_{1\mathrm{m}}+2)\|\boldsymbol{S}_1\|^2+\left(-k_{2\mathrm{m}}+\frac{5}{4}\right)\|\boldsymbol{S}_2\|^2+\left(\frac{1}{4}-\frac{1}{\tau_{\mathrm{d}}}+\frac{\alpha_2}{2\eta}\right)\|\boldsymbol{y}_2\|^2+\frac{\|\boldsymbol{y}_2\|^2\cdot\|\boldsymbol{M}_2\|^2}{2\eta}-\\&\quad\frac{\alpha_2}{2\eta}\|\boldsymbol{y}_2\|^2+\frac{\sigma^2}{4}+\frac{\eta}{2}\\&\leqslant(-k_{1\mathrm{m}}+2)\|\boldsymbol{S}_1\|^2+\left(-k_{2\mathrm{m}}+\frac{5}{4}\right)\|\boldsymbol{S}_2\|^2+\left(\frac{1}{4}-\frac{1}{\tau_{\mathrm{d}}}+\frac{\alpha_2}{2\eta}\right)\|\boldsymbol{y}_2\|^2+\frac{\sigma^2}{4}+\frac{\eta}{2}\end{aligned}\tag{3.47}$$

令 $\alpha=\min\left\{k_{1\mathrm{m}}-2,k_{2\mathrm{m}}-\dfrac{5}{4}\right\}$,$\beta=\dfrac{\alpha_2}{-2\left(\dfrac{1}{4}-\dfrac{1}{\tau_{\mathrm{d}}}+\alpha\right)}$,$\varepsilon=\dfrac{\sigma^2}{4}+\dfrac{\eta}{2}$,则可以将方程(3.47)简化并求解得到

$$0\leqslant\boldsymbol{V}\leqslant\frac{\varepsilon}{2\alpha}+\left[\boldsymbol{V}(0)-\frac{\varepsilon}{2\alpha}\right]\boldsymbol{e}^{-2\alpha t}\tag{3.48}$$

由式(3.48)可知,$\boldsymbol{V}(t)$一致有界。根据式(3.44)可知 $\boldsymbol{S}_1$、$\boldsymbol{S}_2$ 和 $\boldsymbol{y}_2$ 一致有界。再根据假设条件,可知 z_2 和 $\dot{z}_2$ 一致有界,并且 $\boldsymbol{x}_1$ 和 $\boldsymbol{x}_2$ 也是一致有界的。

对式(3.47)积分可得

$$\int_0^{\infty}\left[(-k_{1\mathrm{m}}+2)\|\boldsymbol{S}_1\|^2+\left(-k_{2\mathrm{m}}+\frac{5}{4}\right)\|\boldsymbol{S}_2\|^2+\left(\frac{1}{4}-\frac{1}{\tau_{\mathrm{d}}}+\frac{\alpha_2}{2\eta}\right)\|\boldsymbol{y}_2\|^2+\varepsilon\right]\mathrm{d}t$$

$$= \boldsymbol{V}(\infty) - \boldsymbol{V}(0) \tag{3.49}$$

可见,式(3.49)等号左边如果没有干扰带来的常数项,运用 Barbalat(芭芭拉)引理可得,当 $t\to\infty$ 时,$S_1\to0$,$S_2\to0$。但在干扰情况下,无法实现 $S_1\to0$,$S_2\to0$,只能使跟踪误差收敛到原点的一个小邻域内。可以通过调整 α 的取值使$\dfrac{\varepsilon}{2\alpha}$达到任意小,即可以通过设置控制器参数自由调节使误差达到预先给定的范围。所以当探测器下降过程中扰动对整个系统影响较小的情况下,可以采用以上控制方法使探测器降落到着陆点附近。

3.3.3 仿真研究

同样以 Eros433 小行星为例来说明本书给出算法的有效性,各项参数见表 3.1。根据最终着陆段的特点,只需对 z 轴方向进行多项式次最优轨迹规划,而 x 轴和 y 轴方向自由降到期望的着陆位置。引力计算采用多面体逼近法,根据 NASA 官方网站上数据包提供的数据,结合式(2.10)即可计算出多面体模型外任意一点的引力势能。系统有界干扰未建模包括引力势能高阶项引起的不确定性及光压等空间扰动项,选为

$$\boldsymbol{\Delta}_2(t,\boldsymbol{x}_1,\boldsymbol{x}_2)=\begin{bmatrix}0.2\sin(2\pi t)\cdot U_{1x}\\0.2\sin(2\pi t)\cdot U_{1y}\\0.2\cos(2\pi t)\cdot U_{1z}\end{bmatrix}$$

设探测器下降的初始位置在小天体着陆点坐标系中为[150 m,100 m,500 m],初始速度为$[-1.0\ \mathrm{m/s}, 0.1\ \mathrm{m/s}, -1.0\ \mathrm{m/s}]^{\mathrm{T}}$,末态位置和速度分别为$[20\ \mathrm{m}, 20\ \mathrm{m}, 20\ \mathrm{m}]^{\mathrm{T}}$ 和$[0\ \mathrm{m/s}, 0\ \mathrm{m/s}, 0\ \mathrm{m/s}]^{\mathrm{T}}$,设探测器的下降时间为 $t_{go}=500$ s。

控制器参数选取为:一阶滤波器时间常数设为 $\tau_d=0.001$,对角矩阵 $\boldsymbol{k}_1=\mathrm{diag}\{4.5,3,8\}$,$\boldsymbol{k}_2=\{12,12,12\}$。

图 3.13 给出了探测器下降着陆三维轨迹曲线。图 3.14 至图 3.19 分别给出了探测器在三个轴方向上在 500 s 内完整的下降位置轨迹跟踪曲线和下降速度轨迹跟踪曲线。从仿真结果可以看出,z 轴的位置能够以很快的速度跟踪上期望的多项式轨迹,并沿着标称轨迹安全下落到预先设定的着陆点附近。x 轴和 y 轴的位置也能很快地到达期望的着陆点附近。三个轴的速度曲线基本上都满足要求,能够较快地收敛到零,实现安全着陆。仿真结果表明了所设计的基于动态平面控制器对不确定性和扰动具有一定的鲁棒性。

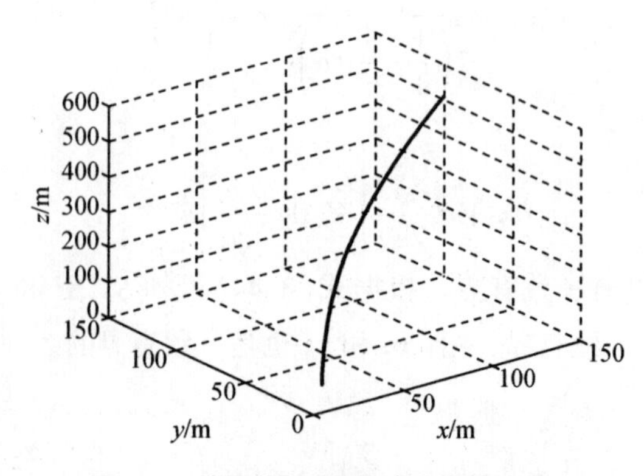

图 3.13 探测器下降着陆三维轨迹曲线

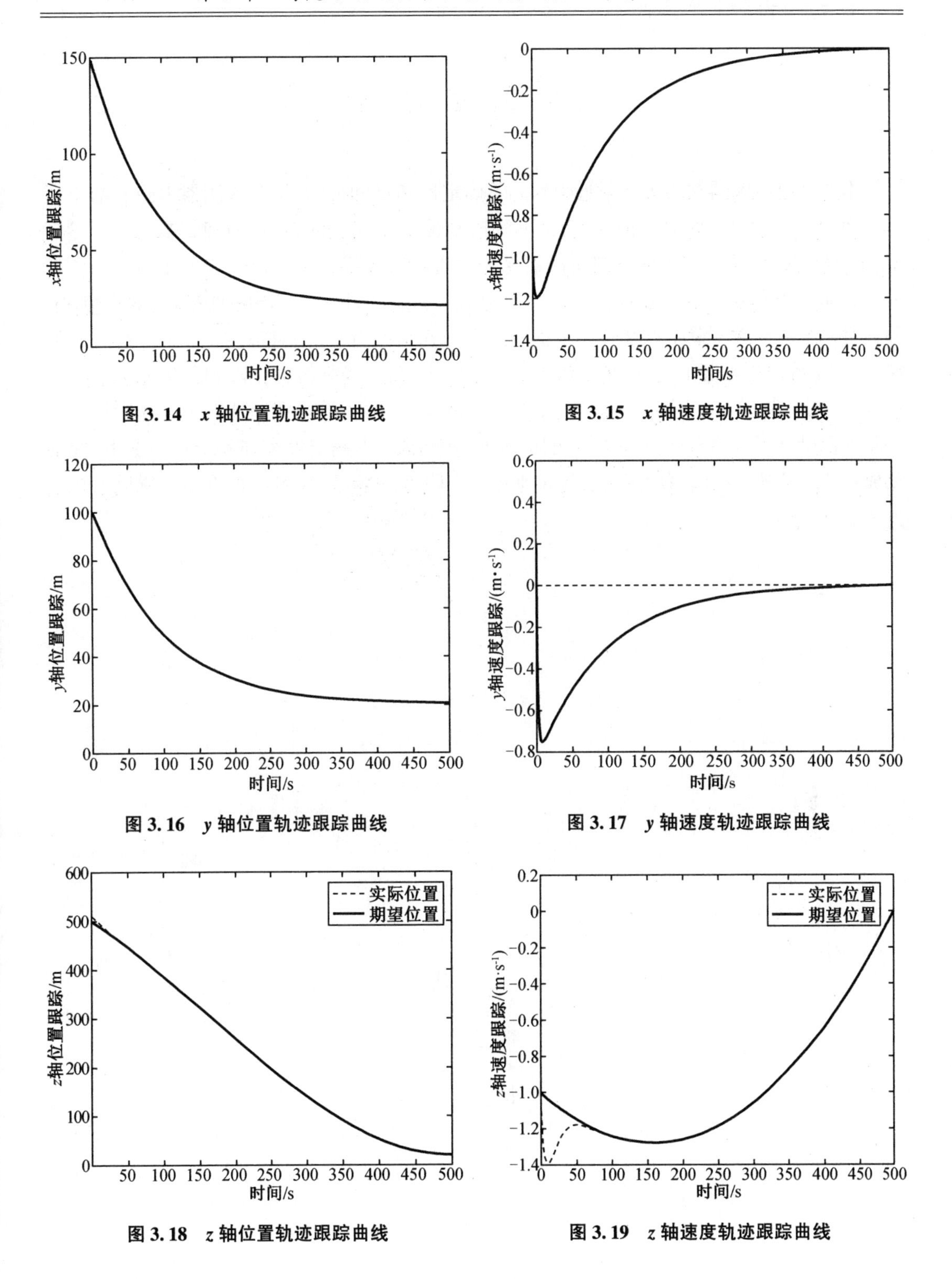

图 3.14　*x* 轴位置轨迹跟踪曲线

图 3.15　*x* 轴速度轨迹跟踪曲线

图 3.16　*y* 轴位置轨迹跟踪曲线

图 3.17　*y* 轴速度轨迹跟踪曲线

图 3.18　*z* 轴位置轨迹跟踪曲线

图 3.19　*z* 轴速度轨迹跟踪曲线

3.4 本章小结

本章考虑探测器在小天体附近受到的不确定性和扰动影响,针对探测器下降着陆小天体过程的轨道动力学模型,研究了动力下降段和最终着陆段的轨道控制问题。首先,参考Apollo登月过程,设计了探测器燃料次最优多项式标称下降轨迹。其次,设计了带有补偿项的Terminal滑模控制器,使探测器在小天体附近动力下降过程中有限时间内跟踪期望轨迹,并针对系统的参数不确定性和外部干扰的上界未知情况,设计了自适应Terminal滑模控制律,估计不确定性参数的上界,使系统具有一定的鲁棒性,使探测器下降到天体附近的某一高度。再次,基于动态平面控制思想,结合传统的反演技术,针对探测器在小天体附近最终着陆过程设计了鲁棒自适应轨道控制律,使得探测器在不确定性和外界干扰情况下,能够完成对期望轨迹的跟踪,使探测器降落到着陆点附近。最后,利用仿真验证了所提出控制方法的有效性。

第4章 探测器运动姿态自适应鲁棒控制

4.1 引　言

探测器绕飞小天体过程是整个探测任务的核心阶段,通过该阶段一系列的考察可以探测小天体附近环境及其表面物质的组成特点,并确定小天体形状、大小和密度等特性。绕飞过程中的姿态动力学分析及控制研究与前面所述轨道控制一样具有重要的科学意义,不仅关系到飞行任务的顺利执行,也决定了科学考察任务能否成功。Rossi 对绕飞形状不规则小天体的轨道进行了仿真,然后评价了目标星 ROSETTA 的动力学环境,崔祜涛等借鉴绕飞空间站小卫星的研究成果,分析了绕飞不规则形状小天体的轨道运动及其稳定性,并给出了一种稳定绕飞轨道保持的控制策略,但以上研究都没有考虑小天体不规则引力力矩和空间扰动影响,目前研究绕飞过程姿态控制的文献也较少。而小天体不规则弱引力、质量分布不均匀及自旋等对探测器的姿态也会产生较大影响,可能会毁坏探测器姿态性能从而导致不稳定的姿态运动,最终导致深空探测任务的失败。为了解决以上问题,有必要深入了解小天体附近探测器的姿态运动,分析其姿态稳定条件,而设计鲁棒姿态稳定控制律则是非常重要的研究方式。

另外,对探测器脱离绕飞轨道接近小天体的下降着陆过程进行姿态调整和姿态稳定控制,是保证探测器精确安全软着陆到小天体的重要前提条件。在探测器最终着陆过程中,水平速度几乎为零,竖直速度也较小,姿态可能存在着较大的偏差,需要在较短时间内控制探测器本体坐标系与预设着陆点坐标系重合实现姿态稳定,否则会引起探测器倾倒不能实现成功着陆。雷静、刘晓伟对月球探测器软着陆过程的姿态控制系统进行了研究,由于小天体探测器在着陆过程中的姿态系统是高度非线性和强耦合复杂系统,受到不规则引力力矩和干扰力矩的影响,还要满足具有实时性等要求,所以姿态控制系统应具有一定的自主性和鲁棒性。

本章基于第2章中建立的小天体附近探测器运动的姿态动力学模型,研究了探测器绕飞段和下降着陆段的鲁棒姿态稳定控制律的设计问题。首先,根据简化的姿态动力学模型,分析了探测器在小天体附近绕飞过程中的三维姿态运动与转动惯量、轨道半径等的关系,利用赫尔维茨判据找到顺行轨道和逆行轨道两种情况下的稳定条件。随后,在考虑空间不确定和干扰力矩情况下,设计了稳定绕飞的鲁棒自适应姿态跟踪控制律,并进行了稳定性分析和仿真验证。接着,为了保证探测器脱离绕飞轨道下降着陆过程的准确性,基于动态滑模和干扰观测器思想设计了自适应双环滑模控制律,有效抑制了外界不确定性和扰动并消除了控制器抖振,通过仿真结果验证了所设计控制方法的有效性和鲁棒性。

4.2 探测器绕飞姿态稳定性分析

前面第 2 章已经推导出探测器在小天体附近运动的姿态动力学模型，在分析绕飞过程的稳定性和控制器设计之前我们重述如下假设条件：

假设 4.1 探测器是刚体，小天体假设为匀质三轴椭球体。

假设 4.2 小天体不规则引力力矩是加在探测器上的主要外力，引力力矩高阶项、太阳光压和第三体引力力矩当作干扰力矩。

假设 4.3 探测器轨道运动不影响姿态，转动惯量受到不规则引力力矩影响。探测器的绕飞轨道是闭合周期轨道，此时姿态运动相对较小。

由于相对运动较小，式(2.33)的角速度分量可以简化为如下形式：

$$\begin{bmatrix}\omega_1\\ \omega_2\\ \omega_3\end{bmatrix}=\begin{bmatrix}\dot{\psi}_1-\dot{\eta}\psi_3\\ \dot{\psi}_2-\dot{\eta}\\ \dot{\psi}_3+\dot{\eta}\psi_1\end{bmatrix} \tag{4.1}$$

通过将方程(4.1)的简化形式和式(2.14)至式(2.16)引力力矩代入姿态动力学模型(2.38)，可以得到如下简化的姿态动力学方程：

$$\ddot{\psi}_1+\dot{\eta}(k_1-1)\dot{\psi}_3+\left[\frac{GM}{R_c^3}(3+5\alpha)+\dot{\eta}^2\right]k_1\psi_1-\left[\frac{1}{2}\frac{GM}{R_c^3}\beta(3+5k_1)+\ddot{\eta}^2\right]\psi_3=u_1+\Delta_1 \tag{4.2}$$

$$\ddot{\psi}_2-\ddot{\eta}+\frac{GM}{R_c^3}(3+5\alpha)k_2\psi_2-\frac{1}{2}\frac{GM}{R_c^3}\beta(3+5k_2)=u_2+\Delta_2 \tag{4.3}$$

$$\ddot{\psi}_3+\dot{\eta}(1-k_3)\dot{\psi}_1+k_3\dot{\eta}^2\psi_3-\left[\ddot{\eta}+\frac{1}{2}\frac{GM}{R_c^3}\beta(3-5k_3)\right]\psi_1=u_3+\Delta_3 \tag{4.4}$$

其中，$k_1=\dfrac{(I_2-I_3)}{I_1}$，$k_2=\dfrac{(I_1-I_3)}{I_2}$，$k_3=\dfrac{(I_2-I_1)}{I_3}$，是转动惯量系数；$u_1$、$u_2$、$u_3$ 是三个姿态方向的控制加速度；Δ_1、Δ_2、Δ_3 是三个姿态方向的扰动加速度。注意到俯仰运动式(4.3)与其他两个姿态角是解耦的，所以我们首先在理论上分析忽略扰动且无控情况下探测器在小天体附近圆轨道稳定绕飞情况。

假设探测器在小天体附近圆轨道内绕飞且有较小幅度的姿态变化，即 $\dot{\eta}=n$，$\ddot{\eta}=0$，$\dfrac{GM}{R_c^3}=n^2$，并忽略姿态角与探测器质心所在经度的三角函数值，则式(4.2)至式(4.4)在无控情况下可以进一步简化为

$$\begin{cases}\ddot{\psi}_1+n(k_1-1)\dot{\psi}_3+[n^2(3+5\alpha)+n^2]k_1\psi_1=0\\ \ddot{\psi}_2+n^2(3+5\alpha)k_2\psi_2-\dfrac{1}{2}n^2\beta(3+5k_2)=0\\ \ddot{\psi}_3+n(1-k_3)\dot{\psi}_1+k_3n^2\psi_3=0\end{cases} \tag{4.5}$$

系统式(4.5)的特征方程为

$$\begin{cases} s^2+n^2(3+5\alpha)k_2=0 \\ s^4+[k_1k_3+1+(5\alpha+3)k_1]n^2s^2-k_1k_3n^4(5\alpha+4)=0 \end{cases} \tag{4.6}$$

应用赫尔维茨稳定性定律,可得该系统稳定的条件为

$$\begin{cases} n^2(3+5\alpha)k_2>0 \\ [k_1k_3+1+(5\alpha+3)k_1]n^2>0 \\ k_1k_3n^4(5\alpha+4)>0 \\ [k_1k_3+1+(5\alpha+3)k_1]^2n^4-4k_1k_3n^4(5\alpha+4)>0 \end{cases} \tag{4.7}$$

由于 $\alpha=\left[-\dfrac{3}{2}C_{20}+9C_{22}\cos(2\delta_c)\right]\left(\dfrac{R_e}{R_c}\right)^2$,如果绕飞天体形状是规则的,则系统稳定条件只与转动惯量系数有关。而当绕飞不规则小天体时,轨道半径对探测器姿态影响是不容忽视的。如果探测器距离天体较近,不规则引力对稳定性的影响明显,而如果绕飞距离较远,即 $R_e=R_c$ 时,不规则引力对绕飞稳定性的影响也会减小。

求解式(4.2)至式(4.4)可以得到无控无扰动探测器绕飞不规则小天体时三轴姿态角的变化曲线,如图 4.1 至图 4.12 所示。其中图 4.1 至图 4.6 是探测器处于逆行轨道绕飞时轨道半径对探测器姿态的影响,图 4.7 至图 4.12 为顺行轨道上绕飞时轨道半径对探测器姿态的影响。

三个姿态角的初始值为 $\lambda(0)=0.1$ rad, $\dot{\lambda}(0)=0$; $\theta(0)=0.1$ rad, $\dot{\theta}(0)=0$; $\gamma(0)=0.1$ rad, $\dot{\gamma}(0)=0$。小天体选择 Eros433 小行星,其大部分参数与表 3.1 相同,参考半径 R_e 取为 9.933 km,球谐系数采用 NASA 官方网站公布的数据, $C_{20}=-0.0878$, $C_{22}=0.0439$,探测器转动惯量系数 $k_1=k_2=k_3=1/3$。

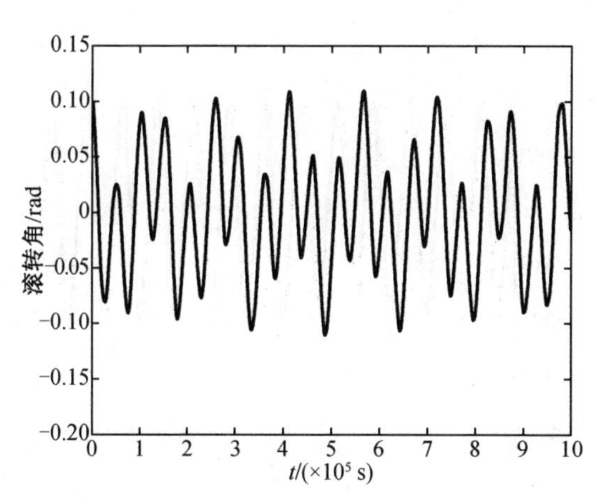

图 4.1　滚转角(R_c=48 km)

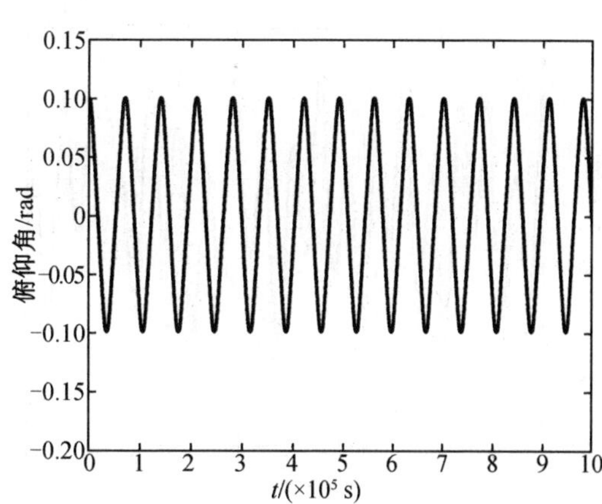

图 4.2　俯仰角(R_c=48 km)

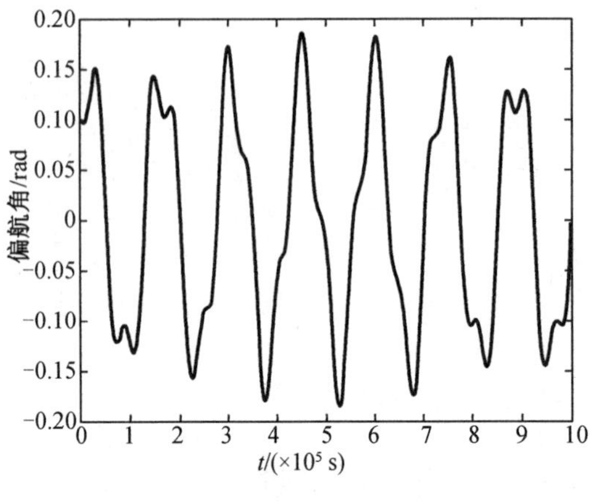

图 4.3　偏航角(R_c=48 km)

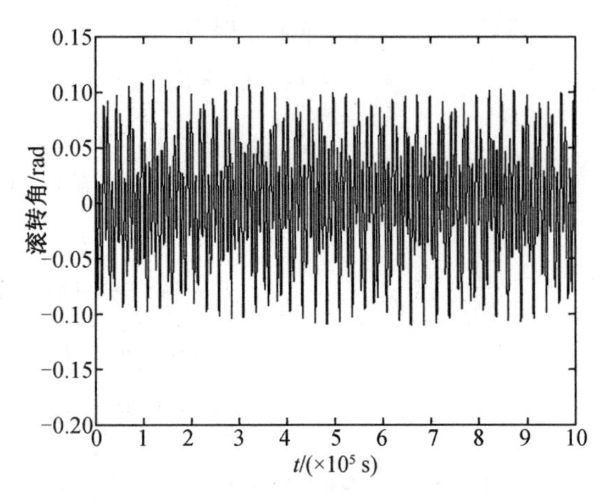

图 4.4　滚转角(R_c=15 km)

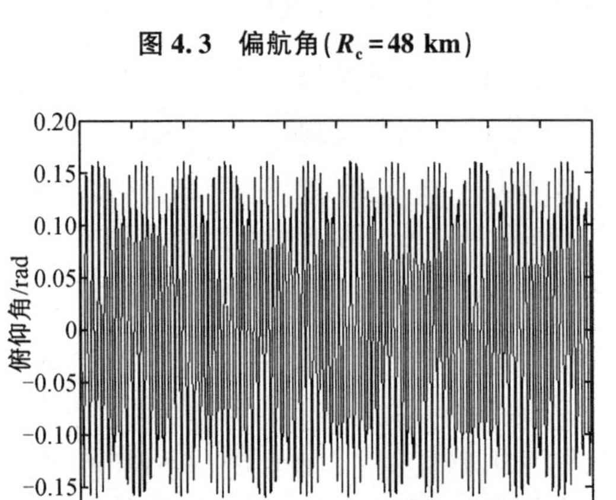

图 4.5　俯仰角(R_c=15 km)

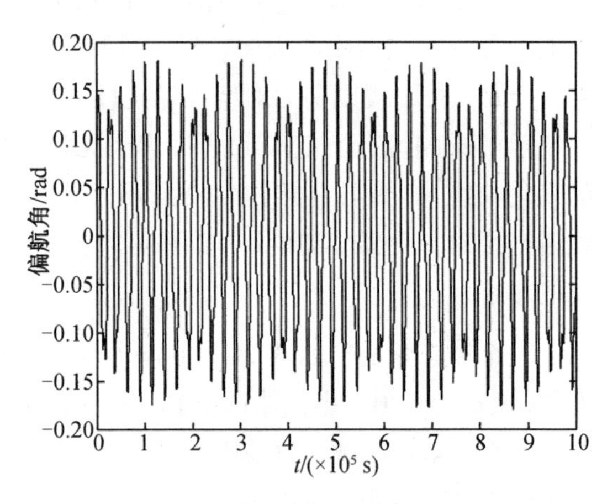

图 4.6　偏航角(R_c=15 km)

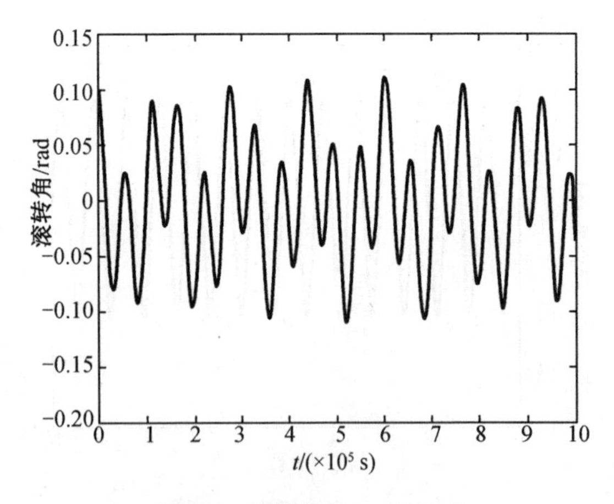

图 4.7　滚转角(R_c=50 km)

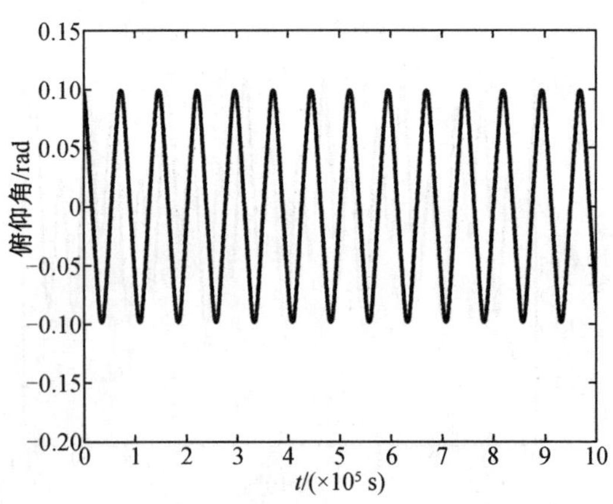

图 4.8　俯仰角(R_c=50 km)

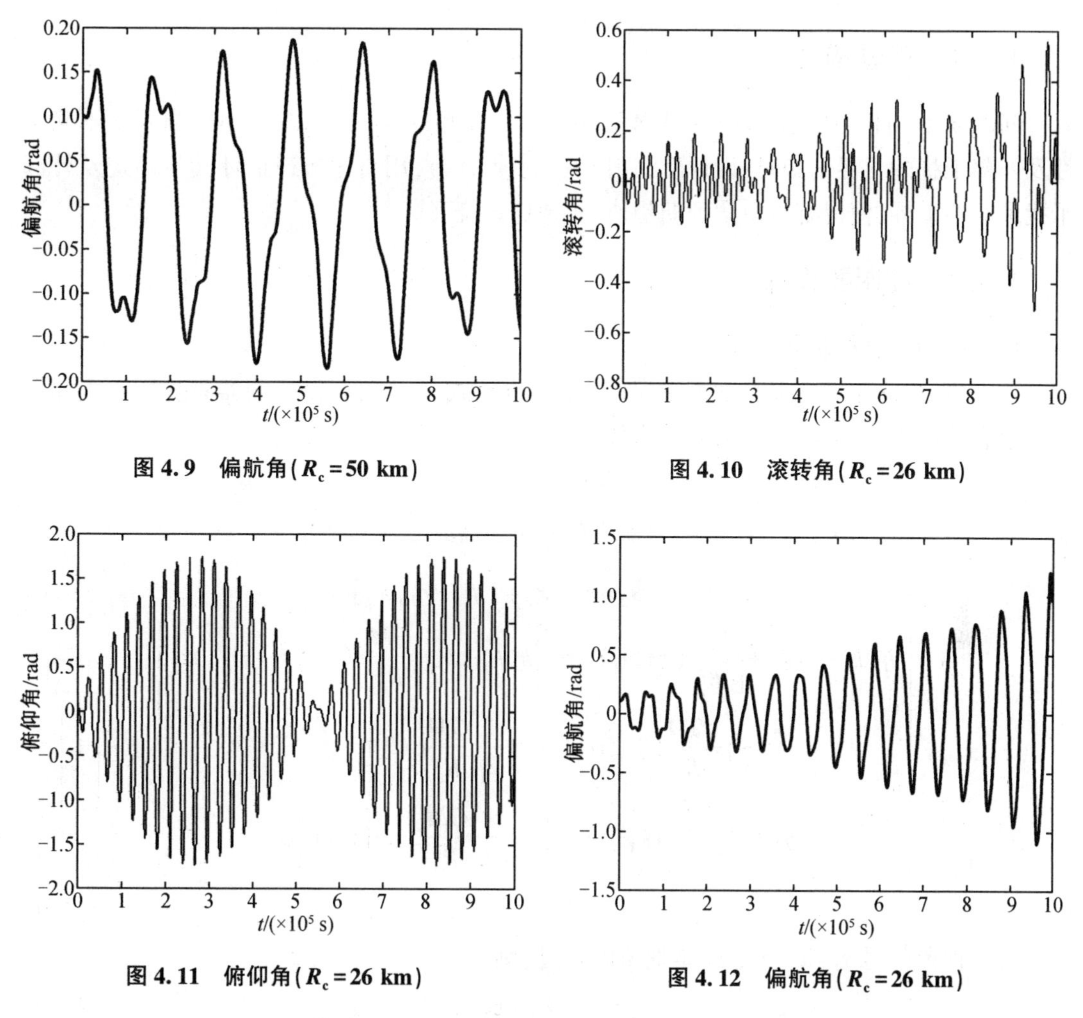

图 4.9　偏航角(R_c=50 km)

图 4.10　滚转角(R_c=26 km)

图 4.11　俯仰角(R_c=26 km)

图 4.12　偏航角(R_c=26 km)

探测器在逆行轨道绕飞 Eros433 小行星运动时,轨道半径分别选取为 R_c = 48 km、15 km,顺行轨道情况下,轨道半径分别选取为 R_c = 50 km、26 km。从图中可以看出,当轨道半径相对小天体参考半径较大时,三个姿态角幅值相对比较规律,尤其由于俯仰角的解耦,其运动幅值保持在 0.1 rad。当轨道半径减小时,姿态角运动很不规律,甚至出现不稳定。

4.3　探测器绕飞不规则小天体姿态稳定跟踪控制

反演方法的基本思想是将复杂的非线性系统分解成不超过系统阶数的子系统,然后为每个子系统分别设计李雅普诺夫函数和中间虚拟控制,一直后退到整个系统,直到完成整个控制律的设计。通常反演法与李雅普诺夫型自适应律相结合,综合考虑控制律和自适应律,使整个闭环系统满足期望的动态和静态性能指标。而自适应反演滑模控制可以处理实际系统中不确定性和外界扰动未知情况,同时具有一定的鲁棒性。

4.3.1 问题描述

问题 4.1 针对探测器绕飞小天体姿态动力学模型式(4.2)至式(4.4),当系统不确定性及外部干扰的上界未知时,设计反演滑模控制律 $u(t)$,用自适应律估计其不确定及外部干扰未知的上界,使得姿态角达到期望值,实现稳定绕飞。

4.3.2 控制器设计

1. 无扰动反演控制器设计

首先,考虑简化后的姿态动力学模型式(4.2)至式(4.4),假设探测器只受到小天体引力力矩和控制力矩影响,则可以表示为如下形式:

$$\begin{cases}\dot{x}_1=\boldsymbol{x}_2\\ \dot{x}_2=f(\boldsymbol{x}_1,\boldsymbol{x}_2)+\boldsymbol{b}\boldsymbol{u}\end{cases}$$

$$\boldsymbol{x}_1=[\psi_1,\psi_2,\psi_3],\boldsymbol{x}_2=[\dot{\psi}_1,\dot{\psi}_2,\dot{\psi}_3] \tag{4.8}$$

$$f(\boldsymbol{x}_1,\boldsymbol{x}_2)=\begin{bmatrix}\dot{\eta}(k_1-1)\dot{\psi}_3+\left[\dfrac{\boldsymbol{GM}}{R_c^3}(3+5\alpha)+\dot{\eta}^2\right]k_1\psi_1-\left[\dfrac{1}{2}\dfrac{\boldsymbol{GM}}{R_c^3}\beta(3+5k_1)+\ddot{\eta}^2\right]\psi_3\\ -\ddot{\eta}+\dfrac{\boldsymbol{GM}}{R_c^3}(3+5\alpha)k_2\psi_2-\dfrac{1}{2}\dfrac{\boldsymbol{GM}}{R_c^3}\beta(3+5k_2)\\ \dot{\eta}(1-k_3)\dot{\psi}_1+k_3\dot{\eta}^2\psi_3-\left[\ddot{\eta}+\dfrac{1}{2}\dfrac{\boldsymbol{GM}}{R_c^3}\beta(3-5k_3)\right]\psi_1\end{bmatrix},\boldsymbol{b}=\begin{bmatrix}1\\1\\1\end{bmatrix} \tag{4.9}$$

定义误差信号 $z_1=\boldsymbol{x}_1-z_d$, z_d 是期望的轨迹,则

$$\dot{z}_1=\dot{x}_1-\dot{z}_d=\boldsymbol{x}_2-\dot{z}_d \tag{4.10}$$

假设方程(4.10)中的虚拟控制为

$$\alpha_1=-c_1z_1+\dot{z}_d(c_1>0) \tag{4.11}$$

定义 $z_2=\boldsymbol{x}_2-\alpha_1$ 和李雅普诺夫函数为 $\boldsymbol{V}_1=\frac{1}{2}z_1^2$,求导得

$$\dot{V}_1=z_1\dot{z}_1=z_1(\boldsymbol{x}_2-\dot{z}_d)=z_1(z_2+\alpha_1-\dot{z}_d) \tag{4.12}$$

将式(4.11)代入式(4.12),得到

$$\dot{V}_1=-c_1z_1^2+z_1z_2$$

如果 $z_2=0$, 那么 $\dot{V}_1\leqslant 0$。

定义第二个李雅普诺夫函数 $\boldsymbol{V}_2=\boldsymbol{V}_1+\frac{1}{2}z_2^2$,那么

$$\dot{V}_2=\dot{V}_1+z_2\dot{z}_2=-c_1z_1^2+z_1z_2+z_2[f(\boldsymbol{x}_1,\boldsymbol{x}_2)+\boldsymbol{b}\boldsymbol{u}+c_1\dot{z}_1-\ddot{z}_d] \tag{4.13}$$

设计如下反演控制律

$$\boldsymbol{u}=\frac{1}{\boldsymbol{b}}[-f(\boldsymbol{x}_1,\boldsymbol{x}_2)-c_2z_2-z_1-c_1\dot{z}_1+\ddot{z}_d](c_2>0) \tag{4.14}$$

则 $\dot{V}_2=-c_1z_1^2-c_2z_2^2\leqslant 0$。

2. 有扰动自适应反演滑模控制器设计

由于小天体附近复杂动力学环境,存在第三体引力和光压等引起的扰动力矩,并且扰动的上界是未知的,所以在前面反演控制的基础上引入滑模控制思想,设计了自适应反演滑模控制律,使系统具有一定的鲁棒性,同时采用自适应律估计扰动的未知上界,对扰动实现在线估计。

不失一般性, 姿态动力学模型式(4.2)至式(4.4)可以表示为

$$\begin{cases}\dot{\boldsymbol{x}}_1=\boldsymbol{x}_2\\ \dot{\boldsymbol{x}}_2=f(\boldsymbol{x}_1,\boldsymbol{x}_2)+\boldsymbol{b}\boldsymbol{u}+\boldsymbol{\Delta}\\ \boldsymbol{y}=\boldsymbol{x}_1\end{cases}$$

$$\boldsymbol{x}_1=[\psi_1,\psi_2,\psi_3]^{\mathrm{T}},\boldsymbol{x}_2=[\dot{\psi}_1,\dot{\psi}_2,\dot{\psi}_3]^{\mathrm{T}},\Delta=[\Delta_1,\Delta_2,\Delta_3]^{\mathrm{T}} \tag{4.15}$$

$$f(\boldsymbol{x}_1,\boldsymbol{x}_2)=\begin{bmatrix}\dot{\eta}(k_1-1)\dot{\psi}_3+\left[\dfrac{GM}{R_c^3}(3+5\alpha)+\dot{\eta}^2\right]k_1\psi_1-\left[\dfrac{1}{2}\dfrac{GM}{R_c^3}\beta(3+5k_1)+\ddot{\eta}^2\right]\psi_3\\ -\ddot{\eta}\dfrac{GM}{R_c^3}(3+5\alpha)k_2\psi_2-\dfrac{1}{2}\dfrac{GM}{R_c^3}\beta(3+5k_2)\\ \dot{\eta}(1-k_3)\dot{\psi}_1+k_3\dot{\eta}^2\psi_3-\left[\ddot{\eta}+\dfrac{1}{2}\dfrac{GM}{R_c^3}\beta(3-5k_3)\right]\psi_1\end{bmatrix},\boldsymbol{b}=\begin{bmatrix}1\\1\\1\end{bmatrix} \tag{4.16}$$

$|\boldsymbol{\Delta}|\leqslant\bar{\boldsymbol{\Delta}}$ 为外界不确定性和扰动的复合,假设其变化缓慢,即 $\dot{\Delta}=0$。

第一步:对于位置跟踪,首先定义位置误差

$$\boldsymbol{z}_1=\boldsymbol{y}-\boldsymbol{y}_{\mathrm{d}} \tag{4.17}$$

$\boldsymbol{y}_{\mathrm{d}}$ 是期望的位置信号,对式(4.17)求导后得

$$\dot{z}_1=\dot{y}-\dot{y}_{\mathrm{d}}=\boldsymbol{x}_2-\dot{y}_{\mathrm{d}} \tag{4.18}$$

得到虚拟稳定控制项为 $\alpha_1=c_1\boldsymbol{z}_1$,其中 c_1 为正值。

定义第一个李雅普诺夫函数为 $\boldsymbol{V}_1=\dfrac{1}{2}\boldsymbol{z}_1^2$,求导后得

$$\dot{V}_1=\boldsymbol{z}_1\dot{z}_1\boldsymbol{z}_1(\boldsymbol{x}_2-\dot{y}_{\mathrm{d}})=\boldsymbol{z}_1(\boldsymbol{z}_2-\alpha_1)=\boldsymbol{z}_1\boldsymbol{z}_2-c_1\boldsymbol{z}_1^2 \tag{4.19}$$

第二步:定义误差

$$\boldsymbol{z}_2=\dot{z}_1+\alpha_1=\boldsymbol{x}_2-\dot{y}_{\mathrm{d}}+\alpha_1 \tag{4.20}$$

求导后得到

$$\dot{z}_2=\dot{x}_2-\ddot{y}_{\mathrm{d}}+\dot{\alpha}_1=f(\boldsymbol{x}_1,\boldsymbol{x}_2)+\boldsymbol{b}\boldsymbol{u}+\boldsymbol{\Delta}-\ddot{y}_{\mathrm{d}}+\dot{\alpha}_1 \tag{4.21}$$

定义滑模面

$$\boldsymbol{\sigma}=k_1\boldsymbol{z}_1+\boldsymbol{z}_2(k_1>0) \tag{4.22}$$

对滑模面求导得

$$\dot{\sigma}=k_1(\boldsymbol{z}_2-c_1\boldsymbol{z}_1)+f(\boldsymbol{x}_1,\boldsymbol{x}_2)+\boldsymbol{b}\boldsymbol{u}+\boldsymbol{\Delta}-\ddot{y}_{\mathrm{d}}+\dot{\alpha}_1$$

在假设 $\bar{\boldsymbol{\Delta}}$ 已知的情况下,设计反演滑模控制律为

$$\boldsymbol{u}=b^{-1}\{-k_1(z_2-c_1z_1)-f(\boldsymbol{x}_1,\boldsymbol{x}_2)-\overline{\boldsymbol{\Delta}}\mathrm{sgn}(\boldsymbol{\sigma})+\ddot{y}_d-\dot{\alpha}_1-h[\boldsymbol{\sigma}+\beta\mathrm{sgn}(\boldsymbol{\sigma})]\} \tag{4.23}$$

同时定义第二个李雅普诺夫函数为

$$\boldsymbol{V}_2=\boldsymbol{V}_1+\frac{1}{2}\boldsymbol{\sigma}^2$$

其中,h 和 β 都是正常数。

对 $\boldsymbol{V}_2$ 求导后得到

$$\begin{aligned}\dot{V}_2&=\dot{V}_1\boldsymbol{\sigma}\dot{\boldsymbol{\sigma}}\\&=z_1z_2-c_1z_1^2+\boldsymbol{\sigma}\dot{\boldsymbol{\sigma}}\\&=z_1z_2-c_1z_1^2+\boldsymbol{\sigma}(k_1\dot{z}_1+\dot{z}_2)\\&=z_1z_2-c_1z_1^2+\boldsymbol{\sigma}[k_1(z_2-c_1z_1)+f(\boldsymbol{x}_1,\boldsymbol{x}_2)+\boldsymbol{bu}+\boldsymbol{\Delta}-\ddot{y}_d+\dot{\alpha}_1]\end{aligned} \tag{4.24}$$

由于探测器在小天体附近绕飞的动力学环境非常复杂,不确定性和外界扰动的上界往往不容易获得并易产生抖振,因此我们采用自适应更新律估计不确定性和外界扰动的上界。

第三步:定义估计误差为

$$\widetilde{\Delta}=\Delta^*-\hat{\Delta} \tag{4.25}$$

其中,$\hat{\Delta}$ 是 Δ 的估计值。设 γ 是正常数,设计最终的自适应反演滑模控制律和自适应更新律为

$$\boldsymbol{u}=b^{-1}\{-k_1(z_2-c_1z_1)-f(\boldsymbol{x}_1,\boldsymbol{x}_2)-\hat{\Delta}+\ddot{y}_d-\dot{\alpha}_1-h[\boldsymbol{\sigma}+\beta\mathrm{sgn}(\boldsymbol{\sigma})]\} \tag{4.26}$$

$$\dot{\hat{\Delta}}=\gamma\boldsymbol{\sigma} \tag{4.27}$$

定理 4.1 针对小天体探测器绕飞姿态动力学模型(4.15)和已给出的假设,系统跟踪误差向量定义为(4.17),设计滑模面(4.22),则系统跟踪误差在反演滑模控制器式(4.26)和自适应更新律(4.27)的作用下渐近稳定收敛于原点。

证明:定义李雅普诺夫函数如下

$$\boldsymbol{V}_3=\boldsymbol{V}_2+\frac{1}{2\gamma}\widetilde{\Delta}^2 \tag{4.28}$$

将 $\boldsymbol{V}_2$ 代入 $\boldsymbol{V}_3$ 并求导得到

$$\begin{aligned}\dot{V}_3&=\dot{V}_2-\frac{1}{\gamma}\widetilde{\Delta}\dot{\hat{\Delta}}\\&=z_1z_2-c_1z_1^2+\boldsymbol{\sigma}[k_1(z_2-c_1z_1)+f(\boldsymbol{x}_1,\boldsymbol{x}_2)+\boldsymbol{bu}+\boldsymbol{\Delta}-\ddot{y}_d+\dot{\alpha}_1]-\frac{1}{\gamma}\widetilde{\Delta}\dot{\hat{\Delta}}\\&=z_1z_2-c_1z_1^2+\boldsymbol{\sigma}[k_1(z_2-c_1z_1)+f(\boldsymbol{x}_1,\boldsymbol{x}_2)+\boldsymbol{bu}+\boldsymbol{\Delta}-\ddot{y}_d+\dot{\alpha}_1]-\frac{1}{\gamma}\widetilde{\Delta}(\dot{\hat{\Delta}}-\gamma\sigma)\end{aligned} \tag{4.29}$$

将控制律(4.26)和自适应更新律(4.27)代入式(4.29)中,得

$$\boldsymbol{Q}=\begin{bmatrix}c_1hk_1^2 & hk_1-\frac{1}{2}\\ hk_1-\frac{1}{2} & h\end{bmatrix} \tag{4.30}$$

取 $\boldsymbol{Q}=\begin{bmatrix} c_1hk_1^2 & hk_1-\dfrac{1}{2} \\ hk_1-\dfrac{1}{2} & h \end{bmatrix}$,则

$$\begin{aligned} z^{\mathrm{T}}\boldsymbol{Q}z &= [z_1 \quad z_2]\begin{bmatrix} c_1hk_1^2 & hk_1-\dfrac{1}{2} \\ hk_1-\dfrac{1}{2} & h \end{bmatrix}[z_1 \quad z_2]^{\mathrm{T}} \\ &= c_1z_1^2+hk_1^2z_1^2+2hk_1z_1z_2-z_1z_2+hz_2^2 \\ &= c_1z_1^2-z_1z_2+h\boldsymbol{\sigma}^2 \end{aligned}$$

公式(4.30)可以重新写为

$$\dot{V}_3=z_1z_2-c_1z_1^2-h\boldsymbol{\sigma}^2-h\beta|\boldsymbol{\sigma}|=-z^{\mathrm{T}}\boldsymbol{Q}z-h\beta|\boldsymbol{\sigma}|\leqslant 0 \tag{4.31}$$

当 h、c_1、k_1 选取合适的参数值时,$\boldsymbol{Q}$ 可以保证为正定矩阵。

4.3.3　仿真研究

针对探测器在圆轨道绕飞不规则小天体 Eros433,利用 Matlab 软件仿真验证所提出控制方案的有效性和优越性。Eros433 小行星的相关参数见表 3.1。引力计算采用球谐函数展开法。探测器转动惯量取为 $\boldsymbol{I}=\mathrm{diag}[86 \quad 85 \quad 113]^{\mathrm{T}}(\mathrm{kg}\cdot\mathrm{m}^2)$。

给定三个姿态角的初始条件为 $\psi_1(0)=0.1$ rad,$\dot{\psi}_1(0)=0$ rad;$\psi_2(0)=0.1$ rad,$\dot{\psi}_2(0)=0$ rad;$\psi_3(0)=0.1$ rad,$\dot{\psi}_3(0)=0$ rad。

首先考虑探测器在绕飞过程中只受到引力和控制力,在反演控制律(4.14)作用下,期望三轴姿态角以余弦方式周期运动,$zd_1=0.1\cdot\cos(0.0002\cdot t)$。控制器参数为 $c_{11}=c_{12}=c_{13}=35$,$c_{21}=c_{22}=c_{23}=15$,仿真图 4.13 至图 4.15 给出了三轴姿态角的变化曲线。

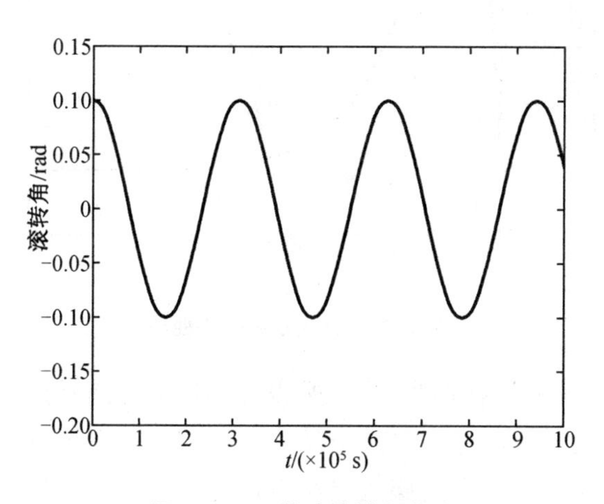

图 4.13　无扰动滚转角曲线

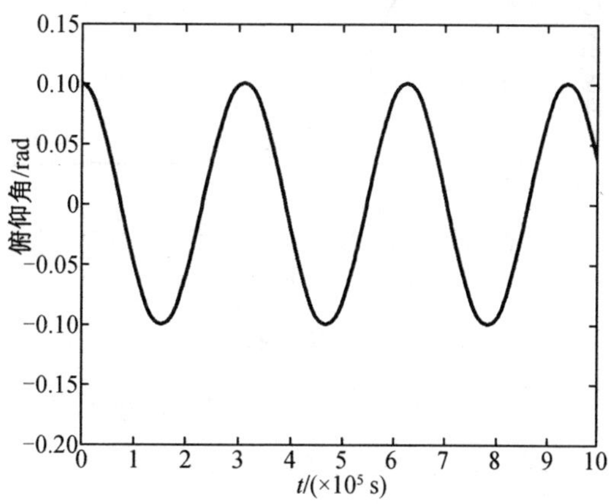

图 4.14　无扰动俯仰角曲线

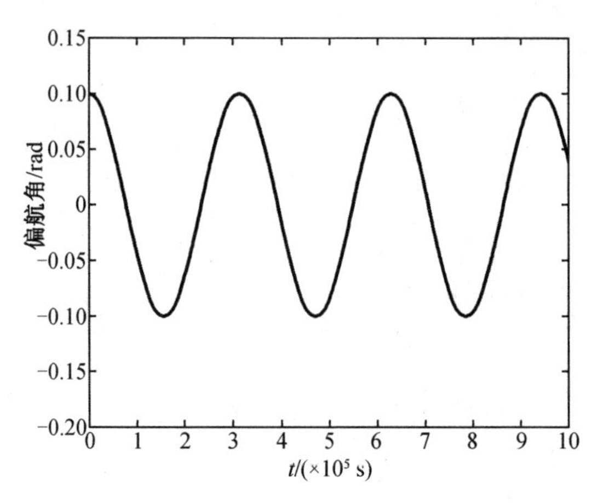

图 4.15　无扰动偏航角曲线

接着考虑探测器受到上界未知的外界扰动影响，在自适应反演滑模控制(4.26)和(4.27)作用下，期望三轴姿态角趋近于零，本体坐标系和轨道坐标系重合，实现姿态稳定。控制器参数为 $c_{11}=c_{12}=c_{13}=1, c_{21}=c_{22}=c_{23}=15, k_{11}=k_{12}=k_{13}=5, h=0.0002, \beta=1.5, \gamma=3$。

探测器受到的外扰动为

$$\boldsymbol{d}(t)=[0.0002\cdot\sin(0.0002\cdot t)\quad 0.0002\cdot\sin(0.0002\cdot t)\quad 0.0002\cdot\sin(0.0002\cdot t)]^{\mathrm{T}}$$

姿态系统(4.15)在控制律(4.26)和(4.27)作用下的仿真曲线如图 4.16 至图 4.21 所示。其中图 4.16 至图 4.18 给出了三轴姿态角的稳定跟踪曲线，仿真图 4.19 至图 4.21 给出了加在三轴上的控制曲线。

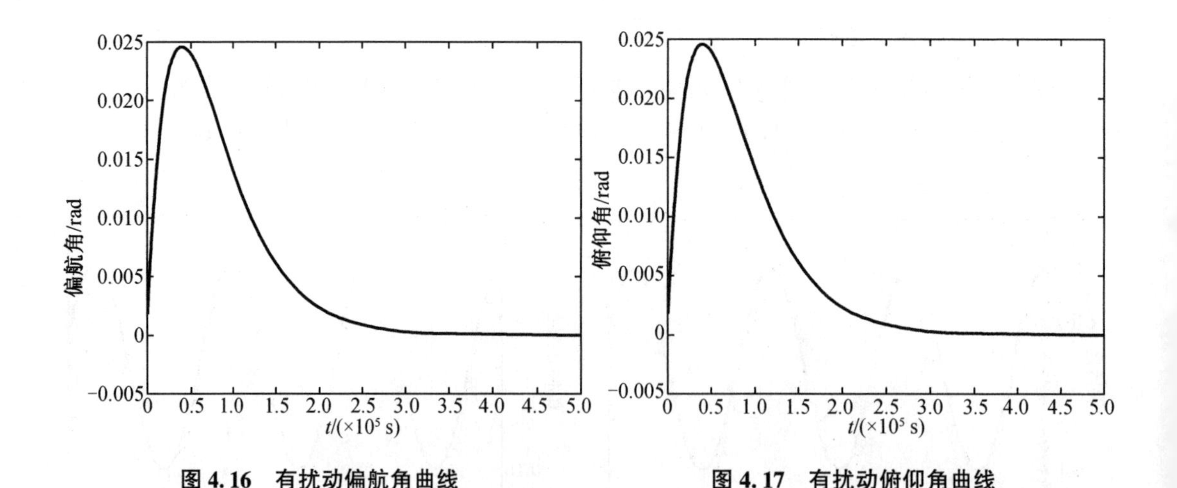

图 4.16　有扰动偏航角曲线　　图 4.17　有扰动俯仰角曲线

通过上述仿真曲线可以看出，在不考虑系统所受扰动影响下，所设计的反演控制器能够实现三轴姿态角的轨迹跟踪和周期稳定绕飞。而设计的自适应反演滑模控制器则可以实现外界扰动的在线估计，并抵消外界扰动影响，最终实现探测器绕飞过程中三轴姿态角的稳定变化，具有一定的鲁棒性，控制曲线也满足要求。

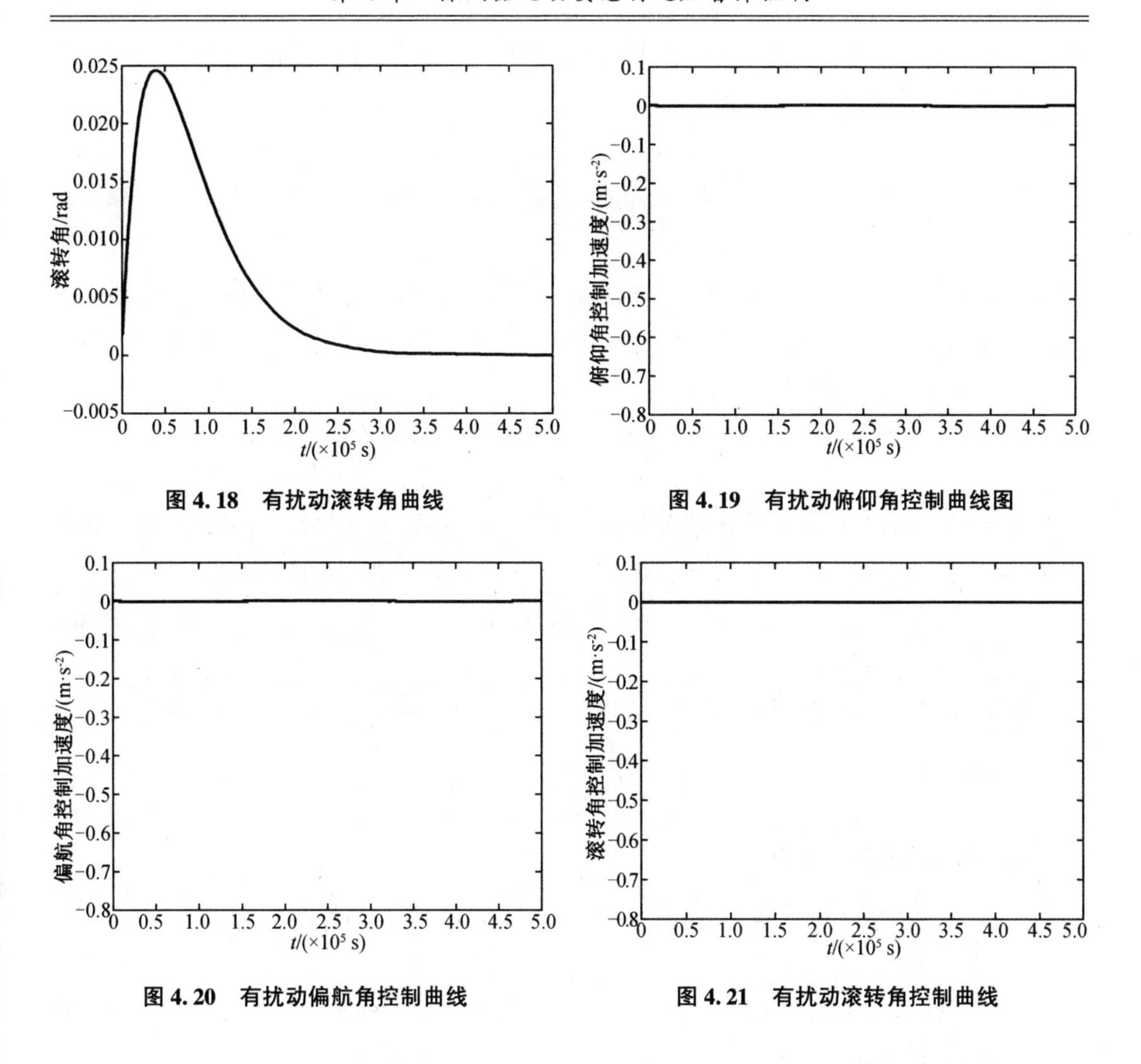

图 4.18　有扰动滚转角曲线

图 4.19　有扰动俯仰角控制曲线图

图 4.20　有扰动偏航角控制曲线

图 4.21　有扰动滚转角控制曲线

4.4　探测器下降姿态自适应鲁棒跟踪控制

4.4.1　理论基础

1. 一类非线性系统动态滑模控制

动态滑模控制方法，是 20 世纪 90 年代提出的关于一阶和二阶滑模控制器的动态设计方法，动态滑模概念的首次提出是以消除控制器抖振为目的。动态滑模消除控制系统抖振分为两部分：一是消除控制器的抖振，通过将不连续函数积分后作用于控制器来实现；二是消除跟踪误差或系统状态轨迹的抖振，通过不连续函数积分后作用于底层滑模面来实现，所以在非线性系统控制方面得到了很多应用。要对小天体附近探测器具有良好的控制效果，必然既要求控制器无抖振，又要求跟踪轨迹无抖振。

动态滑模控制器的设计与传统滑模控制器的设计过程是一样的，一般分为两步。首先，选择适当的切换函数，以使系统所产生的滑模运动具有期望的动态特性；然后，选择适当的控制律,以保证系统能在有限时间内到达滑动流形并保持在该切换函数上,具体过程如下。

考虑如下 n 阶仿射非线性系统

$$\begin{cases}\dot{x}_1 = x_{i+1}, i=1,2,\cdots,n-1\\ \dot{x}_n = f(\boldsymbol{x}) + g(\boldsymbol{x})u + d\\ y = x_1\end{cases} \tag{4.32}$$

其中,$\boldsymbol{x}=[x_1 \quad \cdots \quad x_n]^{\mathrm{T}}$ 为可测的状态变量;u 为系统控制输入;y 为系统输出;$f(\boldsymbol{x})$、$g(\boldsymbol{x})$ 为已知的光滑函数;d 为包括模型不确定性和外加干扰的总不确定性项,并且有界 $\|d\| \leqslant \eta$。

第一步:选择适当的切换函数。

定义误差向量 $\boldsymbol{e}=y-y_{\mathrm{d}}$,$y_{\mathrm{d}}$ 为期望的输出值,则切换函数定义为

$$s = c_1 e_1 + c_2 e_2 + \cdots + c_{n-1} e_{n-1} + e_n \tag{4.33}$$

其中,$e_i = e^{i-1}(i=1,2,\cdots,n)$,为跟踪误差信号及其各阶导数,并且常数 $c_1,\cdots,c_{n-1}$ 满足多项式 $p^{n-1}+c_{n-1}p^{n-2}+\cdots+c_2 p+\cdots+c_1$,为赫尔维茨稳定。则可以定义新的切换函数为

$$\sigma = \dot{s} + \lambda s, \lambda > 0 \tag{4.34}$$

第二步:设计控制律。

假设:不确定项及其导数满足有界的条件,即存在有界函数 η,η_1 满足如下条件:$\|d\| \leqslant \eta$,$\|\dot{d}\| \leqslant \eta_1$,且

$$(k_{n-1}+\lambda)\eta + \eta_1 < \varepsilon, \varepsilon > 0 \tag{4.35}$$

设计动态滑模控制律为

$$\dot{u} = \frac{1}{g(\boldsymbol{x})}\left\{-\left[(c_{n-1}+\lambda)g(\boldsymbol{x}) + \frac{\mathrm{d}g(\boldsymbol{x})}{\mathrm{d}\boldsymbol{x}}\dot{x}\right]u - (c_{n-1}+\lambda)f(\boldsymbol{x}) - \frac{\mathrm{d}f(\boldsymbol{x})}{\mathrm{d}\boldsymbol{x}}\dot{x} + (c_{n-1}+\lambda)y_{\mathrm{d}}^{(n)} + y_{\mathrm{d}}^{(n+1)} - \sum_{i=1}^{n-2} c_i e_{i+2} - \sum_{i=1}^{n-1} \lambda c_i e_{i+1} - \varepsilon \operatorname{sgn}(\sigma)\right\} \tag{4.36}$$

下面分析稳定性。

将式(4.33)代入式(4.34)可得

$$\sigma = \sum_{i=1}^{n-1} c_i e_{i+1} + \dot{e}_n + \lambda\left(\sum_{i=1}^{n-1} c_i e_i + e_n\right) \tag{4.37}$$

对式(4.37)求导得

$$\dot{\sigma} = \sum_{i=1}^{n-2} c_i e_{i+2} + c_{n-1}\dot{e}_n + \ddot{e}_n + \lambda\left(\sum_{i=1}^{n-1} c_i e_{i+1} + \dot{e}_n\right) \tag{4.38}$$

把误差信号代入式(4.38)得

$$\dot{\sigma} = \sum_{i=1}^{n-2} c_i e_{i+2} + \sum_{i=1}^{n-1} \lambda c_i e_{i+1} + (c_{n-1}+\lambda)f(\boldsymbol{x}) + \frac{\mathrm{d}f(\boldsymbol{x})}{\mathrm{d}\boldsymbol{x}}\dot{x} - (c_{n-1}+\lambda)y_{\mathrm{d}}^{(n)} - y_{\mathrm{d}}^{(n+1)} + \left[(c_{n-1}+\lambda)g(\boldsymbol{x}) + \frac{\mathrm{d}g(\boldsymbol{x})}{\mathrm{d}\boldsymbol{x}}\dot{x}\right]u + g(\boldsymbol{x})u + (c_{n-1}+\lambda)d + \dot{d} \tag{4.39}$$

将动态滑模控制律(4.36)代入式(4.39)得

$$\dot{\sigma} = (c_{n-1}+\lambda)d + \dot{d} - \varepsilon \operatorname{sgn}(\sigma) \tag{4.40}$$

由前面假设可得

$$\begin{aligned}\sigma\dot{\sigma} &= \sigma[(c_{n-1}+\lambda)d+\dot{d}-\varepsilon\operatorname{sgn}(\sigma)] \\ &= \sigma[(c_{n-1}+\lambda)d+\dot{d}]-\varepsilon|\sigma| \\ &< \sigma[(c_{n-1}+\lambda)d+\dot{d}]-[(c_{n-1}+\lambda)\eta+\eta_1]|\sigma| \\ &\leqslant 0\end{aligned} \tag{4.41}$$

由此可知,该滑模面具有稳定性,动态滑模控制器是存在且可达的。对式(4.36)进行积分可以得到动态滑模控制的表达式,可见不连续项 $\operatorname{sgn}(\sigma)$ 被置入控制器的一阶导数中,所以在整个时间域上经过积分控制项是连续的。

2. 非线性干扰观测器

首先考虑一类含有不确定和扰动的 MIMO 非线性系统:

$$\dot{x}=f(x)+g(x)\boldsymbol{u}+\Delta f(x)+\Delta g(x)\boldsymbol{u}+a_{\mathrm{d}}(t) \tag{4.42}$$

其中,$x\in\mathbf{R}^n$ 和 $\boldsymbol{u}\in\mathbf{R}^m$,分别为系统状态变量和控制向量;$\Delta f(x)$、$\Delta g(x)$ 为建模误差或参数摄动等引起的系统不确定性;$a_{\mathrm{d}}(t)\in\mathbf{R}^n$,为外界扰动。本书将系统不确定性和扰动统一看作外界复合干扰 $d(t)$,则上述公式可以重新写为

$$\dot{x}=f(x)+g(x)\boldsymbol{u}+d(t) \tag{4.43}$$

下面我们设计非线性干扰观测器,即从已知的状态中尽可能地提炼出复合干扰信息,以获得高精度的复合干扰逼近值,从而设计控制器中的复合干扰抵消项,使被控系统运动高品质地满足期望的特性。

采用如下形式的非线性干扰观测器:

$$\begin{cases}\hat{d}=\boldsymbol{z}+\boldsymbol{P}(x) \\ \dot{z}=-\boldsymbol{L}(x)\boldsymbol{z}-\boldsymbol{L}(x)[\boldsymbol{P}(x)+f(x)+g(x)\boldsymbol{u}]\end{cases} \tag{4.44}$$

其中,$\hat{d}\in\mathbf{R}^n$,为非线性观测器的输出;$\boldsymbol{z}\in\mathbf{R}^n$,为观测器内部状态向量;$\boldsymbol{P}(x)\in\mathbf{R}^n$,为待设计的非线性函数向量,并且存在 $\boldsymbol{L}(x)=\dfrac{\partial\boldsymbol{P}(x)}{\partial x}$;$\boldsymbol{L}(x)$ 为一般设计,为正定对角矩阵,即$\boldsymbol{L}(x)=\operatorname{diag}[L_1(x)\quad L_2(x)\quad\cdots\quad L_n(x)]$,$L_i(x)>0$,$i=1,2,\cdots,n$。

令观测器的估计误差为

$$\tilde{d}=d-\hat{d} \tag{4.45}$$

同样假设系统(4.43)中复合干扰变化律缓慢,满足 $\dot{d}\approx 0$,则将式(4.44)代入式(4.45)并化简得到

$$\dot{\tilde{d}}\approx-\boldsymbol{L}(x)\tilde{d} \tag{4.46}$$

则非线性干扰观测器的估计误差渐进收敛到 0。

探测器在小天体附近近距离运动过程中,不确定性和光压等外扰动都是剧烈快时变的,不能认为此时复合干扰变化极为缓慢或是常值。为此,给出下面假设条件。

假设:系统(4.42)中复合干扰及其变化律满足$\|d\|\leqslant\eta$,$\|\dot{d}\|\leqslant\eta_1$,$\eta,\eta_1>0$ 且都是未知的。

在上述假设情况下可以得到

$$\dot{\tilde{d}}\approx\dot{d}-\boldsymbol{L}(x)\tilde{d} \tag{4.47}$$

求解一阶线性微分方程(4.47)有

$$\tilde{d}=[\tilde{d}_1 \quad \tilde{d}_2 \quad \cdots \quad \tilde{d}_n]^{\mathrm{T}}$$

第 j 分量的齐次微分方程为

$$\dot{\tilde{d}}_j \approx -L_j(x)\tilde{d}_j \tag{4.48}$$

变换后得到

$$\frac{d(\dot{\tilde{d}}_j)}{\tilde{d}_j}=-L_j(x)\,\mathrm{d}t$$

$$\ln(\tilde{d}_j)=-L_j(x)t+c$$

$$\tilde{d}_j=e^{-L_j(x)t+c}=c_1\cdot e^{-L_j(x)t} \tag{4.49}$$

其中,c 和 c_1 为待定函数,继续对式(4.49)求导后得到

$$\dot{\tilde{d}}_j=\dot{c}_1\cdot e^{-L_j(x)t}-L_j(x)c_1\cdot e^{-L_j(x)t} \tag{4.50}$$

比较非齐次线性方程,可知

$$\dot{c}_1\cdot e^{-L_j(x)t}=\dot{d} \tag{4.51}$$

则

$$\dot{c}_1=\dot{d}\cdot e^{-L_j(x)t}$$

$$\Rightarrow c_1=C+\int_0^t \dot{d}_j\cdot e^{-L_j(x)t}$$

$$\Rightarrow \tilde{d}_j=\left(C+\int_0^t \dot{d}_j\cdot e^{L_j(x)t}\mathrm{d}t\right)$$

$$\lim_{t\to 0}\tilde{d}_j=0 \tag{4.52}$$

所以有

$$\tilde{d}_j=\tilde{d}_j(0)\cdot e^{-L_j(x)t}+e^{-L_j(x)t}\int_0^t \dot{d}_j\cdot e^{L_j(x)t}\mathrm{d}t \tag{4.53}$$

根据前面的假设,如果 $\dot{d}_j>0$,则式(4.53)满足

$$\begin{aligned}\tilde{d}_j &\leqslant \tilde{d}_j(0)\cdot e^{-L_j(x)t}+e^{-L_j(x)t}\cdot\eta_1\cdot\int_0^t e^{L_j(x)t}\mathrm{d}t\\ &\leqslant \tilde{d}_j(0)\cdot e^{-L_jt}+e^{-L_jt}\cdot\eta_1\cdot\frac{1}{L_j}\cdot e^{L_j(x)t}\Big|_0^t\\ &=\tilde{d}_j(0)\cdot e^{-L_jt}+e^{-L_jt}\cdot\eta_1\cdot\frac{1}{L_j}\cdot(e^{L_j(x)t}-1)\\ &=e^{-L_jt}\left[\tilde{d}_j(0)-\frac{\eta_1}{L_j}\right]+\frac{\eta_1}{L_j}\end{aligned} \tag{4.54}$$

可知

$$\tilde{d}_j\leqslant\frac{\eta_1}{L_j} \tag{4.55}$$

同理,如果 $\dot{d}_j>0$,则式(4.55)满足

$$\tilde{d}_j \geqslant -\frac{\eta_1}{L_j} \tag{4.56}$$

所以,非线性干扰观测器的估计误差将渐近收敛到一个有限半径为 $|\tilde{d}_j| \leqslant \frac{\eta_1}{L_j}=r$ 的闭合半球内,即估计误差存在如下定理:

定理 4.2　非线性系统(4.42)中的复合干扰 d 若满足给定假设条件,设计非线性干扰观测器(4.44)逼近 d,则对于任意给定正数 r,总能选择设计参数阵 $\boldsymbol{L}(x)$ 使得非线性干扰观测器的估计误差在有限时间内满足式(4.57):

$$\|\tilde{d}_j\| \leqslant r \tag{4.57}$$

4.4.2　基于双环滑模的探测器下降姿态自适应鲁棒跟踪控制

1. 问题描述

探测器在小天体附近下降过程姿态控制的目标是进行姿态调整控制,使得探测器能够精确地到达天体表面预定着陆点 P 上方一定距离处。

小天体探测器着陆点坐标系下的姿态动力学模型式(2.34)和式(2.38)改写为

$$\dot{\boldsymbol{\Phi}}=f(\boldsymbol{\Phi})\cdot\boldsymbol{\omega}_{\mathrm{c}}+g(\boldsymbol{\Phi})+\boldsymbol{d}_{\mathrm{wf}} \tag{4.58}$$

$$\boldsymbol{I}\dot{\boldsymbol{\omega}}+\boldsymbol{\omega}\times\boldsymbol{I}\boldsymbol{\omega}=\boldsymbol{T}+\boldsymbol{M}(\boldsymbol{\Phi},\boldsymbol{R}_{\mathrm{c}})+\boldsymbol{T}_{\mathrm{d}}+\boldsymbol{d}_{\mathrm{nf}} \tag{4.59}$$

当考虑系统的参数不确定性及外部干扰时,$\boldsymbol{d}_{\mathrm{wf}}$ 为天体自旋等引起的作用在外环回路的外界总扰动,$\boldsymbol{d}_{\mathrm{nf}}$ 为天体自旋、不规则引力等引起的作用在内环回路的外界总扰动。采用内外双环滑模对姿态角和姿态角速度进行跟踪控制,使得探测器下降过程中的姿态角能够跟踪期望的标称值,应用动态滑模控制原理,抑制控制器振动,即通过设计控制力满足 $\boldsymbol{\Phi}\to\boldsymbol{\Phi}_{\mathrm{d}}$,$\boldsymbol{\omega}\to\boldsymbol{\omega}_{\mathrm{d}}$,其中 $\boldsymbol{\Phi}_{\mathrm{d}}$ 为探测器的期望姿态角,$\boldsymbol{\omega}_{\mathrm{d}}$ 为探测器的期望姿态角速度。

双环滑模结构可以降低控制系统阶次,调整控制系统的动态响应。其中,外环采用二阶自适应动态滑模控制器跟踪期望姿态角度并抑制控制器振动,抵抗自旋引起的扰动,内环采用一阶自适应动态滑模,抑制不确定性参数及扰动对系统控制性能的影响,提高鲁棒性能,具体实施方案如图 4.22 所示。

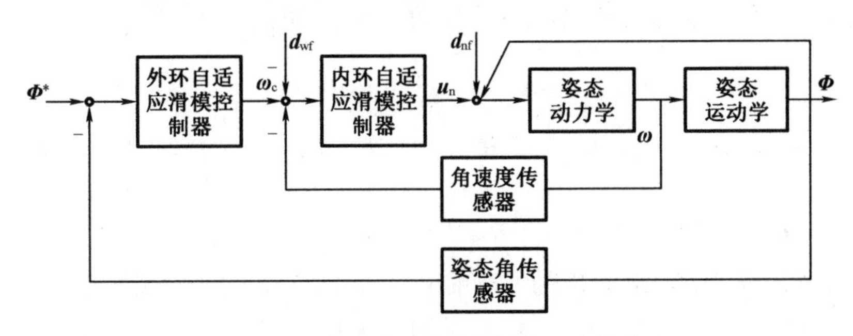

图 4.22　探测器自适应滑模控制方案结构图

2. 外环自适应动态滑模姿态角跟踪控制

首先对探测器所受的复合干扰和各向量给出如下假设：假设 $\boldsymbol{d}_{wf}$ 的范数上界存在，记为 $\|\boldsymbol{d}_{wf}\|\leqslant\eta_w,\eta_w>0$，其中 η_w 为未知上界。同时假设复合干扰的一阶导数和二阶导数的范数上界也存在，记为 $\|\dot{d}_{wf}\|\leqslant\eta_{1w},\eta_{1w}>0,\|\ddot{d}_{wf}\|\leqslant\eta_{2w},\eta_{2w}>0$ 各上界均未知。同时假设期望姿态角向量 $\boldsymbol{\Phi}_d$ 及其各阶次的导数均是已知且连续的。

外环控制律实现姿态角的跟踪，并产生姿态角速度指令，传递给内环。设计三层滑模面

$$\boldsymbol{s}_{w1}=\boldsymbol{\Phi}_e+\boldsymbol{K}_{w1}\int_0^t\boldsymbol{\Phi}_e\mathrm{d}t=\boldsymbol{\Phi}^*-\boldsymbol{\Phi}+\boldsymbol{K}_{w1}\int_0^t\boldsymbol{\Phi}_e\mathrm{d}t \tag{4.60}$$

$$\begin{aligned}\boldsymbol{s}_{w2}&=\dot{s}_{w1}+\boldsymbol{K}_{w2}\boldsymbol{s}_{w1}=\dot{\boldsymbol{\Phi}}_e+\boldsymbol{K}_{w1}\boldsymbol{\Phi}_e+\boldsymbol{K}_{w2}\boldsymbol{s}_{w1}\\&=\dot{\boldsymbol{\Phi}}^*-[f(\boldsymbol{\Phi})\cdot\boldsymbol{\omega}_c+g(\boldsymbol{\Phi})+\boldsymbol{d}_{wf}]+\boldsymbol{K}_{w1}\boldsymbol{\Phi}_e+\boldsymbol{K}_{w2}\boldsymbol{s}_{w1}\end{aligned} \tag{4.61}$$

$$\begin{aligned}\boldsymbol{s}_{w3}&=\dot{s}_{w2}+\boldsymbol{K}_{w3}\boldsymbol{s}_{w2}=\ddot{\boldsymbol{\Phi}}_e+\boldsymbol{K}_{w1}\dot{\boldsymbol{\Phi}}_e+\boldsymbol{K}_{w2}\dot{s}_{w1}+\boldsymbol{K}_{w3}\boldsymbol{s}_{w2}\\&=\ddot{\boldsymbol{\Phi}}_e+\boldsymbol{K}_{w1}\dot{\boldsymbol{\Phi}}_e+\boldsymbol{K}_{w2}\dot{s}_{w1}+\boldsymbol{K}_{w3}\boldsymbol{s}_{w2}\\&=\ddot{\boldsymbol{\Phi}}^*-[\dot{f}(\boldsymbol{\Phi})\cdot\boldsymbol{\omega}_c+f(\boldsymbol{\Phi})\cdot\dot{\omega}_c+\dot{g}(\boldsymbol{\Phi})+\dot{d}_{wf}]+\boldsymbol{K}_{w1}\dot{\boldsymbol{\Phi}}_e+\boldsymbol{K}_{w2}\dot{s}_{w1}+\boldsymbol{K}_{w3}\boldsymbol{s}_{w2}\end{aligned} \tag{4.62}$$

对式(4.62)求导后得

$$\dot{s}_{w3}=\ddot{\boldsymbol{\Phi}}^*-\ddot{f}(\boldsymbol{\Phi})\cdot\boldsymbol{\omega}_c-\ddot{g}(\boldsymbol{\Phi})-\ddot{d}_{wf}-\dot{f}(\boldsymbol{\Phi})\cdot\dot{\omega}_c-f(\boldsymbol{\Phi})\cdot\ddot{\omega}_c+\boldsymbol{K}_{w1}\ddot{\boldsymbol{\Phi}}_e+\boldsymbol{K}_{w2}\ddot{s}_{w1}+\boldsymbol{K}_{w3}\dot{s}_{w2} \tag{4.63}$$

其中，$\boldsymbol{s}_{wi(i=1,2,3)}\in\mathbf{R}^3$；$\boldsymbol{K}_{wi(i=1,2,3)}=\mathrm{diag}\{k_{11},k_{12},k_{13}\}$，为增益矩阵；$\boldsymbol{\Phi}_e=\boldsymbol{\Phi}^*-\boldsymbol{\Phi}$，为姿态角误差信号，$\boldsymbol{\Phi}^*$ 为期望姿态角；$\boldsymbol{\omega}_c$ 既是慢回路控制器，也是快回路控制器控制对象的期望输入状态向量。

为保证滑模到达条件成立，采用指数趋近律有

$$\dot{s}_{w3}=-\boldsymbol{\rho}_1\cdot\mathrm{sign}(\boldsymbol{s}_{w3})-\boldsymbol{\lambda}_1\cdot\boldsymbol{s}_{w3} \tag{4.64}$$

其中，$\boldsymbol{\rho}_1=\mathrm{diag}[\rho_{11}\quad\rho_{12}\quad\rho_{13}]$，$\rho_{1i}>0,i=1,2,3$；$\boldsymbol{\lambda}_1=\mathrm{diag}[\lambda_{11}\quad\lambda_{12}\quad\lambda_{13}]$，$\lambda_{1i}>0,i=1,2,3$，为设计参数矩阵。

控制器中所需状态微分可以用高阶微分器获得，由于高阶微分器可任意精度逼近，所以本章忽略微分估计误差。

定理 4.3 探测器在小天体附近姿态动力学模型(4.58)中，设计三层滑模面式(4.50)至式(4.62)，外环回路复合干扰上界估计值的自适应律为(4.65)，$\hat{\eta}_{2w}$ 为 η_{2w} 的估计值，则外环回路跟踪误差在自适应滑模控制律(4.66)的作用下渐近稳定收敛于原点。

假设期望姿态角向量 $\boldsymbol{\omega}_c$ 各阶次的导数均是已知且连续的。

$$\dot{\hat{\eta}}_{2w}=\tau_1\|\boldsymbol{s}_{w3}\|,\tau_1>0 \tag{4.65}$$

$$\begin{aligned}\boldsymbol{\omega}_c&=[f(\boldsymbol{\Phi})]^{-1}\int_0^t[\ddot{\boldsymbol{\Phi}}^*-\dot{g}(\boldsymbol{\Phi})-\boldsymbol{K}_{w1}\dot{\boldsymbol{\Phi}}_e-\boldsymbol{K}_{w2}\dot{s}_{w1}-\boldsymbol{K}_{w3}\boldsymbol{s}_{w2}+\boldsymbol{\omega}_r]\mathrm{d}t\\\boldsymbol{\omega}_r&=\int_0^t[(\rho_1+\hat{\eta}_{2dw})\mathrm{sign}(\boldsymbol{s}_w)+\boldsymbol{\lambda}_1\cdot\boldsymbol{s}_w]\mathrm{d}t\end{aligned} \tag{4.66}$$

证明：对控制器(4.66)作用下的外环系统(4.58)取李雅普诺夫函数为

$$\boldsymbol{V}=\frac{1}{2}\boldsymbol{s}_{w3}^{\mathrm{T}}\boldsymbol{s}_{w3}+\frac{1}{2}\tilde{\boldsymbol{\eta}}_{2w}^{\mathrm{T}}\frac{1}{\tau_1}\tilde{\boldsymbol{\eta}}_{2w} \tag{4.67}$$

其中,$\widetilde{\boldsymbol{\eta}}_{2w}=\eta_{2w}-\hat{\eta}_{2w}$,为自适应估计误差。对式(4.67)求导并将滑模面和式(4.65)、式(4.66)代入,得到

$$\dot{V}=\boldsymbol{s}_{w3}^{T}\dot{s}_{w3}+\frac{1}{\tau_1}\widetilde{\boldsymbol{\eta}}_{2w}\dot{\widetilde{\eta}}_{2w}$$

$$=\boldsymbol{s}_{w3}^{T}[\dddot{\Phi}^{*}-\ddot{f}(\Phi)\cdot\boldsymbol{\omega}_c-\ddot{g}(\boldsymbol{\Phi})-\ddot{d}_{wf}-\dot{f}(\boldsymbol{\Phi})\cdot\dot{\omega}_c-f(\boldsymbol{\Phi})\cdot\ddot{\omega}_c+\boldsymbol{K}_{w1}\ddot{\Phi}_e+\boldsymbol{K}_{w2}\ddot{s}_{w1}+\boldsymbol{K}_{w3}\dot{s}_{w2}]-\frac{1}{\tau_1}\widetilde{\boldsymbol{\eta}}_{2w}\dot{\hat{\eta}}_{2w}$$

$$=\boldsymbol{s}_{w}^{T}\{\dddot{\boldsymbol{\Phi}}^{*}-\ddot{f}(\boldsymbol{\Phi})\cdot\boldsymbol{\omega}_c-\ddot{g}(\boldsymbol{\Phi})-\ddot{d}_{wf}-\dot{f}(\boldsymbol{\Phi})\cdot\dot{\omega}_c-f(\boldsymbol{\Phi})\cdot[f(\boldsymbol{\Phi})]^{-1}[\dddot{\Phi}^{*}-\ddot{g}(\boldsymbol{\Phi})-\boldsymbol{K}_{w1}\ddot{\Phi}_e-\boldsymbol{K}_{w2}\ddot{s}_{w1}-\boldsymbol{K}_{w3}\dot{s}_{w2}+(\rho_1+\hat{\eta}_{2dw})\operatorname{sign}(\boldsymbol{s}_{w3})+\boldsymbol{\lambda}_1\cdot\boldsymbol{s}_{w3}]+\boldsymbol{K}_{w1}\ddot{\Phi}_e+\boldsymbol{K}_{w2}\ddot{s}_{w1}+\boldsymbol{K}_{w3}\dot{s}_{w2}\}-\frac{1}{\tau_1}\widetilde{\boldsymbol{\eta}}_{2w}\tau_1\|\boldsymbol{s}_{w3}\|$$

$$=-\boldsymbol{\rho}_1\cdot\boldsymbol{s}_{w3}^{T}\cdot\operatorname{sign}(\boldsymbol{s}_{w3})-\boldsymbol{\lambda}_1\cdot\boldsymbol{s}_{w3}^{2}-\ddot{d}_{wf}\cdot\boldsymbol{s}_{w3}+\hat{\eta}_{2w}\cdot\boldsymbol{s}_{w3}-\widetilde{\boldsymbol{\eta}}_{2w}\|\boldsymbol{s}_{w3}\|$$

$$\leqslant-\boldsymbol{\rho}_1\cdot\|\boldsymbol{s}_{w3}\|-\boldsymbol{\lambda}_1\cdot\|\boldsymbol{s}_{w3}\|^2-\boldsymbol{\eta}_{2w}\cdot\|\boldsymbol{s}_{w3}\|+\hat{\eta}_{2w}\cdot\|\boldsymbol{s}_{w3}\|-\widetilde{\boldsymbol{\eta}}_{2w}\|\boldsymbol{s}_{w3}\|$$

$$\leqslant-\boldsymbol{\rho}_1\cdot\|\boldsymbol{s}_{w3}\|-\boldsymbol{\lambda}_1\cdot\|\boldsymbol{s}_{w3}\|^2$$

$$\leqslant 0$$

显然,当且仅当滑模面 $\boldsymbol{s}_{w3}=0$ 时,$\dot{V}=0$,滑模面 $\boldsymbol{s}_{w3}$ 满足到达条件渐近收敛到零。根据前面的滑模面方程可知,$\boldsymbol{s}_{w3}$ 渐近收敛到零点后,滑模面 $\boldsymbol{s}_{w1}$、$\boldsymbol{s}_{w2}$ 逐次收敛到零点,即外环回路状态 $\boldsymbol{\Phi}$ 跟踪上期望值,实现控制目标。

3. 内环自适应动态滑模姿态角速度控制

针对探测器姿态动力学模型(4.59),假设 $\boldsymbol{d}_{nf}$ 的范数上界存在,记为 $\|\boldsymbol{d}_{nf}\|\leqslant\eta_n$,$\eta_n>0$,其中 $\boldsymbol{\eta}_n$ 为未知上界。同时假设复合干扰的一阶导数和二阶导数的范数上界也存在,记为 $\|\dot{d}_{nf}\|\leqslant\eta_{1n}$,$\eta_{1n}>0$,$\|\ddot{d}_{nf}\|\leqslant\eta_{2n}$,$\eta_{2n}>0$ 各上界均未知。

内环采用自适应动态滑模控制,可以去除各种不连续函数引起的控制器抖振。设计两层滑模面,其中第一层滑模面采用积分形式

$$s_{n1}=\boldsymbol{\omega}_e+K_2\int_0^t\boldsymbol{\omega}_e\mathrm{d}t,s_n\in\mathbf{R}^3\tag{4.68}$$

其中,$\boldsymbol{\omega}_e=\boldsymbol{\omega}_c-\boldsymbol{\omega}$,为姿态角速度误差信号。

对式(4.68)求导得

$$\dot{s}_{n1}=\dot{\omega}_e+K_2\boldsymbol{\omega}_e=\dot{\omega}_c+K_2\boldsymbol{\omega}_e-A(\boldsymbol{\omega})-B\cdot u-\frac{M(\boldsymbol{\Phi})}{I_0}-\boldsymbol{d}_{nf}\tag{4.69}$$

定义第二层滑模面为

$$\boldsymbol{s}_{n2}=\dot{s}_{n1}+a_n\boldsymbol{s}_{n1}=\dot{\omega}_c-A(\boldsymbol{\omega})-B\cdot u-\frac{M(\boldsymbol{\Phi})}{I_0}-\boldsymbol{d}_{nf}+K_2\boldsymbol{\omega}_e+a_n\boldsymbol{s}_{n1}\tag{4.70}$$

定理 4.4 对于探测器在小天体附近姿态运动学模型(4.59),姿态角速度跟踪误差向量定义为 $\boldsymbol{\omega}_e=\boldsymbol{\omega}_c-\boldsymbol{\omega}$,分别设计两层滑模面如式(4.68)和式(4.70),内环回路复合干扰上界估计值的自适应律为式(4.71),$\hat{\eta}_{1n}$ 为 $\boldsymbol{\eta}_{1n}$ 的估计值。则内环回路跟踪误差在自适应一阶动态滑模控制器(4.72)的作用下渐近稳定。

$$\dot{\hat{\boldsymbol{\eta}}}_{1n}=\tau_2\|\boldsymbol{s}_{n2}\|,\tau_2>0 \tag{4.71}$$

$$u_n = B^{-1}\left[\dot{\omega}_c - A(\boldsymbol{\omega}) + K_2\boldsymbol{\omega}_e - \frac{M(\boldsymbol{\Phi})}{I_0} + a_n\boldsymbol{s}_{n1} + \int_0^t - \boldsymbol{\varepsilon}_1\boldsymbol{s}_{n2} - (\boldsymbol{\varepsilon}_2 + \hat{\eta}_{1n}) \cdot \mathrm{sign}(\boldsymbol{s}_{n2})\right]\mathrm{d}t \tag{4.72}$$

其中,$\boldsymbol{\varepsilon}_1=\mathrm{diag}[\varepsilon_{11} \quad \varepsilon_{12} \quad \varepsilon_{13}]$,$\varepsilon_{1i}>0,i=1,2,3$;$\boldsymbol{\varepsilon}_2=\mathrm{diag}[\varepsilon_{21} \quad \varepsilon_{22} \quad \varepsilon_{23}]$,$\varepsilon_{1i}>0,i=1,2,3$,为设计参数矩阵。

证明:选取李雅普诺夫函数 $\boldsymbol{V}=\frac{1}{2}\boldsymbol{s}_{n2}^{\mathrm{T}}\boldsymbol{s}_{n2}+\frac{1}{2}\tilde{\boldsymbol{\eta}}_{1n}^{\mathrm{T}}\frac{1}{\tau_2}\tilde{\boldsymbol{\eta}}_{1n}$,$\tilde{\boldsymbol{\eta}}_{1n}=\eta_{1n}-\hat{\eta}_{1n}$,为自适应估计误差,求导得

$$\begin{aligned}
\dot{V} &=\boldsymbol{s}_{n2}^{\mathrm{T}}\dot{s}_{n2}+\frac{1}{\tau_1}\tilde{\boldsymbol{\eta}}_{1n}\dot{\tilde{\eta}}_{1n}\\
&=\boldsymbol{s}_{n2}^{\mathrm{T}}\left[\ddot{\omega}_c+\boldsymbol{K}_2\dot{\omega}_e-\dot{A}(\boldsymbol{\omega})+B\cdot\dot{u}-\frac{\dot{M}(\boldsymbol{\Phi})}{I_0}-\dot{d}_{nf}+a_n\dot{s}_{n1}\right]-\frac{1}{\tau_1}\tilde{\boldsymbol{\eta}}_{1n}\dot{\hat{\eta}}_{1n}\\
&=\boldsymbol{s}_{n2}^{\mathrm{T}}\left\{\ddot{\omega}_c+\boldsymbol{K}_2\dot{\omega}_e-\dot{A}(\boldsymbol{\omega})+B\cdot B^{-1}[\ddot{\omega}_c-\dot{A}(\boldsymbol{\omega})+K_2\dot{\omega}_e-\frac{\dot{M}(\boldsymbol{\Phi})}{I_0}+a_n\dot{s}_{n1}-\boldsymbol{\varepsilon}_1\boldsymbol{s}_{n2}-(\boldsymbol{\varepsilon}_2+\hat{\eta}_{dn})\cdot\right.\\
&\quad\left.\mathrm{sign}(\boldsymbol{s}_{n2})]-\frac{\dot{M}(\boldsymbol{\Phi})}{I_0}-\dot{d}_{nf}+a_n\dot{s}_{n1}\right\}-\frac{1}{\tau_2}\tilde{\boldsymbol{\eta}}_{1n}\tau_2\|\boldsymbol{s}_{n2}\|\\
&=\boldsymbol{s}_{n2}^{\mathrm{T}}[-\boldsymbol{\varepsilon}_1\cdot s_{n2}-(\boldsymbol{\varepsilon}_2+\hat{\eta}_{1n})\mathrm{sign}(\boldsymbol{s}_{n2})+\dot{d}_{nf}]-\tilde{\boldsymbol{\eta}}_{1n}\|\boldsymbol{s}_{n2}\|\\
&\leqslant-\varepsilon_{1\min}\cdot\|\boldsymbol{s}_{n2}\|^2-(\varepsilon_{2\min}+\hat{\eta}_{1n})\|\boldsymbol{s}_{n2}\|+\|\dot{d}_{nf}\|\|\boldsymbol{s}_{n2}\|-\tilde{\boldsymbol{\eta}}_{1n}\|\boldsymbol{s}_{n2}\|\\
&\leqslant-\varepsilon_{1\min}\cdot\|\boldsymbol{s}_{n2}\|^2-(\varepsilon_{2\min}+\hat{\eta}_{1n})\|\boldsymbol{s}_{n2}\|+\eta_{1n}\|\boldsymbol{s}_{n2}\|-\tilde{\boldsymbol{\eta}}_{1n}\|\boldsymbol{s}_{n2}\|\\
&\leqslant-\varepsilon_{1\min}\cdot\|\boldsymbol{s}_{n2}\|^2-\varepsilon_{2\min}\|\boldsymbol{s}_{n2}\|
\end{aligned}$$

显然,当且仅当滑模面 $\boldsymbol{s}_{n2}=0$ 时,$\dot{V}=0$。滑模面 $\boldsymbol{s}_{n2}$ 满足到达条件,且滑模面 $\boldsymbol{s}_{n1}$ 及 $\boldsymbol{\omega}_e$ 也收敛到零。

4.4.3 基于非线性干扰观测器的自适应双环滑模姿态跟踪控制

受小天体附近复杂环境影响,探测器控制系统设计应当实时地、有针对性地、精确地抵消和补偿内部不确定性和外界干扰对探测器造成的影响,保证其稳定着陆。

前面采用自适应方法在线估计干扰未知上界,再设计鲁棒项,从而保证了跟踪误差收敛到零。其特点均以系统稳定性为控制器设计的根本考虑,这类方法在大扰动情况下保守性较大。通过获得的复合干扰上界或复合干扰导数的上界设计抵消项,是按照被控对象所受最严重不确定和干扰得到的上界,是独立于复合干扰变化的固定值。尽管设计的控制器能够保证系统收敛到零点,但控制器中复合干扰的抵消项不够精确,使得系统运动轨迹反复穿越平衡点,降低控制品质。干扰观测器是解决不确定和扰动的一个重要手段,是一种根据已知信息,一定程度地估计获取未知信息的方法。将干扰观测器用于在线逼近复合干扰,根据观测器实时输出来设计控制器中复合干扰的抵消项,可以得到较自适应控制、鲁棒控制更高精度的控制效果和更强的鲁棒性。

非线性干扰观测器在线估计外环所受不确定和外干扰构成的复合干扰,其估计误差上界由快回路自适应律在线估计获得;基于非线性干扰观测器的抗干扰自适应动态滑模控制方案结构图如图4.23所示。高阶滑模微分器向快慢回路提供动态滑模控制器中所需的微分信号,它们共同作用消除干扰和不确定影响,使探测器的飞行控制具有较强的鲁棒自适应能力。

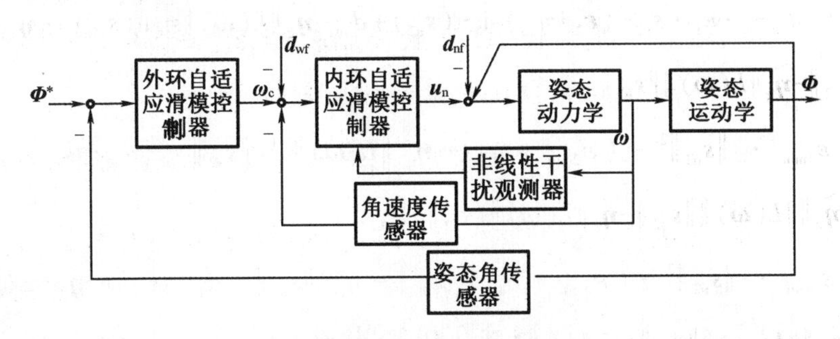

图4.23 基于非线性干扰观测器的探测器自适应滑模控制方案结构图

小天体附近探测器外环二阶自适应动态滑模控制器设计同定理4.1,下面仅给出内环基于非线性干扰观测器的一阶自适应动态滑模控制器设计。

定理4.5 对于探测器在小天体附近姿态运动学模型(4.59)中,姿态角跟踪误差向量定义为$\boldsymbol{\omega}_e=\boldsymbol{\omega}_c-\boldsymbol{\omega}$,分别设计两层滑模面如式(4.69)和式(4.70),采用非线性干扰观测器(4.44)估计复合干扰$\boldsymbol{d}$,其估计误差为式(4.73),内环回路复合干扰上界估计值的自适应律为(4.74),误差上界的自适应律如式(4.75)所示,则内环回路跟踪误差在自适应一阶动态滑模控制器(4.76)的作用下渐近稳定。

$$\tilde{d}=\boldsymbol{d}-\hat{d} \tag{4.73}$$

$$\dot{\hat{\eta}}_{1n}=\tau_2\|\boldsymbol{s}_{n2}\|,\tau_2>0 \tag{4.74}$$

$$\dot{\hat{\eta}}_g=\tau_g\|L(\boldsymbol{\omega})\|\|\boldsymbol{s}_{n2}\|,\tau_g>0 \tag{4.75}$$

$$\begin{aligned}\boldsymbol{u}_n=B^{-1}\Big\{&\dot{\omega}_c-A(\boldsymbol{\omega})+\boldsymbol{K}_2\boldsymbol{\omega}_e-\frac{M(\boldsymbol{\Phi})}{I_0}+a_n\boldsymbol{s}_{n1}+\hat{d}+\\&\int_0^t[-\boldsymbol{\varepsilon}_1\boldsymbol{s}_{n2}-(\boldsymbol{\varepsilon}_2+\hat{\eta}_{1n})\cdot\mathrm{sign}(\boldsymbol{s}_{n2})-\|L(\boldsymbol{\omega})\|\hat{\eta}_g\cdot\mathrm{sign}(\boldsymbol{s}_{n2})]\mathrm{d}t\Big\}\end{aligned} \tag{4.76}$$

其中,$\boldsymbol{\varepsilon}_1=\mathrm{diag}[\varepsilon_{11}\quad\varepsilon_{12}\quad\varepsilon_{13}]$,$\varepsilon_{1i}>0,i=1,2,3$;$\boldsymbol{\varepsilon}_2=\mathrm{diag}[\varepsilon_{21}\quad\varepsilon_{22}\quad\varepsilon_{23}]$,$\varepsilon_{1i}>0,i=1,2,3$,为设计参数矩阵。

证明:选取李雅普诺夫函数$\boldsymbol{V}=\frac{1}{2}\boldsymbol{s}_{n2}^{\mathrm{T}}\boldsymbol{s}_{n2}+\frac{1}{2}\tilde{\boldsymbol{\eta}}_{1n}^{\mathrm{T}}\frac{1}{\tau_2}\tilde{\boldsymbol{\eta}}_{1n}+\frac{1}{2}\tilde{\boldsymbol{\eta}}_g^{\mathrm{T}}\frac{1}{\tau_g}\tilde{\boldsymbol{\eta}}_g$,$\tilde{\boldsymbol{\eta}}_{1n}=\eta_{1n}-\hat{\eta}_{1n}$,$\tilde{\boldsymbol{\eta}}_g=\eta_g-\hat{\eta}_g$,为自适应估计误差,求导得

$$\begin{aligned}\dot{V}&=\boldsymbol{s}_{n2}^{\mathrm{T}}\dot{s}_{n2}+\frac{1}{\tau_1}\tilde{\boldsymbol{\eta}}_{1n}\dot{\tilde{\eta}}_{1n}+\frac{1}{\tau_g}\tilde{\boldsymbol{\eta}}_g\dot{\tilde{\eta}}_g\\&=\boldsymbol{s}_{n2}^{\mathrm{T}}\left[\ddot{\omega}_c+\boldsymbol{K}_2\dot{\omega}_e-\dot{A}(\boldsymbol{\omega})+B\cdot\dot{u}-\frac{\dot{M}(\boldsymbol{\Phi})}{I_0}-\dot{d}_{nf}+a_n\dot{s}_{n1}\right]-\frac{1}{\tau_1}\tilde{\boldsymbol{\eta}}_{1n}\dot{\hat{\eta}}_{1n}-\frac{1}{\tau_g}\tilde{\boldsymbol{\eta}}_g\dot{\hat{\eta}}_g\end{aligned}$$

$$
\begin{aligned}
&=\boldsymbol{s}_{n2}^{T}\Bigg\{\ddot{\omega}_{c}+K_{2}\dot{\omega}_{e}-\dot{A}(\boldsymbol{\omega})+B\cdot B^{-1}\Bigg[\ddot{\omega}_{c}-\dot{A}(\boldsymbol{\omega})+\boldsymbol{K}_{2}\dot{\omega}_{e}-\frac{\dot{M}(\boldsymbol{\Phi})}{I_{0}}+a_{n}\dot{s}_{n1}-\boldsymbol{\varepsilon}_{1}\boldsymbol{s}_{n2}- \\
&\quad(\boldsymbol{\varepsilon}_{2}+\hat{\eta}_{dn})\cdot\mathrm{sign}(\boldsymbol{s}_{n2})\Bigg]-\frac{\dot{M}(\boldsymbol{\Phi})}{I_{0}}-\dot{d}_{nf}+a_{n}\dot{s}_{n1}\Bigg\}-\frac{1}{\tau_{1}}\tilde{\boldsymbol{\eta}}_{1n}\tau_{1}\|\boldsymbol{s}_{n2}\|-\frac{1}{\tau_{g}}\tilde{\boldsymbol{\eta}}_{g}\tau_{g}\|L(\boldsymbol{\omega})\|\|\boldsymbol{s}_{n2}\| \\
&=\boldsymbol{s}_{n2}^{T}\{-\dot{d}_{nf}+[-\boldsymbol{\varepsilon}_{1}\cdot\boldsymbol{s}_{n2}-(\boldsymbol{\varepsilon}_{2}+\hat{\eta}_{1n})\mathrm{sign}(\boldsymbol{s}_{n2})+\dot{d}_{nf}-\tilde{\boldsymbol{\eta}}_{g}\|L(\boldsymbol{\omega})\|\mathrm{sign}(\boldsymbol{s}_{n2})]-\tilde{\boldsymbol{\eta}}_{1n}\|\boldsymbol{s}_{n2}\|\}-\tilde{\boldsymbol{\eta}}_{1n} \\
&\quad\|\boldsymbol{s}_{n2}\|-\tilde{\boldsymbol{\eta}}_{g}\|L(\boldsymbol{\omega})\|\|\boldsymbol{s}_{n2}\| \\
&\leqslant-\varepsilon_{1\min}\cdot\|\boldsymbol{s}_{n2}\|^{2}-(\varepsilon_{2\min}+\hat{\eta}_{1n}-\hat{\eta}_{g}\|L(\boldsymbol{\omega})\|)\|\boldsymbol{s}_{n2}\|+\|\dot{d}_{nf}\|\|\boldsymbol{s}_{n2}\|-\tilde{\boldsymbol{\eta}}_{1n}\|\boldsymbol{s}_{n2}\|+ \\
&\quad\|\tilde{\boldsymbol{\eta}}_{g}\|\|L(\boldsymbol{\omega})\|\|\boldsymbol{s}_{n2}\|-\tilde{\boldsymbol{\eta}}_{g}\|L(\boldsymbol{\omega})\|\|\boldsymbol{s}_{n2}\| \\
&\leqslant-\varepsilon_{1\min}\cdot\|\boldsymbol{s}_{n2}\|^{2}-(\varepsilon_{2\min}+\hat{\eta}_{1n})\|\boldsymbol{s}_{n2}\|+\eta_{1n}\|\boldsymbol{s}_{n2}\|-\tilde{\boldsymbol{\eta}}_{1n}\|\boldsymbol{s}_{n2}\|-\tilde{\boldsymbol{\eta}}_{g}\|L(\boldsymbol{\omega})\|\|\boldsymbol{s}_{n2}\|+ \\
&\quad\|\tilde{\boldsymbol{\eta}}_{g}\|\|L(\boldsymbol{\omega})\|\|\boldsymbol{s}_{n2}\|+\eta_{g}\|L(\boldsymbol{\omega})\|\|\boldsymbol{s}_{n2}\| \\
&\leqslant-\varepsilon_{1\min}\cdot\|\boldsymbol{s}_{n2}\|^{2}-\varepsilon_{2\min}\|\boldsymbol{s}_{n2}\|+(\eta_{1n}-\tilde{\boldsymbol{\eta}}_{1n}-\hat{\eta}_{1n})\|\boldsymbol{s}_{n2}\|+(\eta_{g}-\tilde{\boldsymbol{\eta}}_{g}-\hat{\eta}_{g})\|L(\boldsymbol{\omega})\|\|\boldsymbol{s}_{n2}\| \\
&\leqslant-\varepsilon_{1\min}\cdot\|\boldsymbol{s}_{n2}\|^{2}-\varepsilon_{2\min}\|\boldsymbol{s}_{n2}\| \\
&<0
\end{aligned}
$$

显然,当且仅当滑模面 $\boldsymbol{s}_{n2}=0$ 时,$\dot{V}=0$。滑模面 $\boldsymbol{s}_{n2}$ 满足到达条件,且滑模面 $\boldsymbol{s}_{n1}$ 及 $\boldsymbol{\omega}_e$ 也收敛到零。

4.4.4 仿真研究

为了验证本章所提出的控制方法的有效性,对探测器着陆小天体姿态系统进行仿真研究。本节选取目标小天体 Eros433 为例来说明本书给出算法的有效性,小天体各项技术参数见表 3.1。

仿真初始条件取为 $\boldsymbol{\omega}(0)=[0\quad 0\quad 0]^{T}\mathrm{rad/s}$,$\boldsymbol{\Phi}(0)=[0\quad 0\quad 0]^{T}\mathrm{rad}$。

探测器转动惯量取为 $\boldsymbol{I}=\mathrm{diag}[86\quad 85\quad 113]^{T}\mathrm{kg\cdot m^2}$。

探测器受到的外扰动为 $\boldsymbol{d}_{wf}=[0.2\quad 1\quad 1]\cdot\sin t\ \mathrm{N\cdot m}$,$\boldsymbol{d}_{nf}=[0.2\quad 1\quad 1]\cdot\sin t\ \mathrm{N\cdot m}$。

外环控制器参数:$\boldsymbol{K}_w=\mathrm{diag}(12,12,12)$,$\rho_1=20$,$\lambda_1=3$,$\tau_1=0.5$。

内环控制器参数:$K_2=2$,$a_n=0.5$,$\boldsymbol{\varepsilon}_1=\mathrm{diag}(6,3,3)$,$\boldsymbol{\varepsilon}_2=\mathrm{diag}(1,1,1)$,$\tau_2=0.2$。

由于探测器脱离绕飞轨迹进入动力下降段,姿态角期望值用二阶欠阻尼线性系统描述,三个期望姿态角则为衰减振荡形式,最终的姿态角及其变化角速度假设为零,形式如下

$$q=Ce^{-\xi\omega_n t}\sin(\omega_d t+\varphi),0<\xi<1,q=\varphi,\theta,\psi$$

其中,$C=(1-\xi^2)^{-1/2}$;$\omega_d=\omega_n\sqrt{1-\xi^2}$;$\varphi=\tan^{-1}\left(\frac{\sqrt{1-\xi^2}}{\xi}\right)$;阻尼系数和自然频率分别取为 $\xi=0.2$,$\omega_n=1.8$。

图 4.24 至图 4.26 给出了三轴姿态角的稳定跟踪曲线,图 4.27 至图 4.29 给出了三轴姿态角的跟踪误差曲线,可以看出跟踪误差能在较短的时间内收敛到零。图 4.30 至图 4.31 是外环姿态角控制曲线和内环控制曲线,可见内环采用一阶动态滑模避免控制器抖振,外环采用二阶动态滑模能够回避内环控制器中 $\dot{\omega}_c$ 出现的不连续函数导数引起的内环

控制器奇异,保证输出力矩的连续性,对非线性模型中存在的不规则引力力矩等耦合问题能够很好地控制。采用自适应律在线获得未知复合干扰的上界并设计相应的补偿项增加控制器的鲁棒性,可以较好地控制精度。通过仿真结果可以看出,所设计的双环滑模控制器具有一定的鲁棒性和可行性。

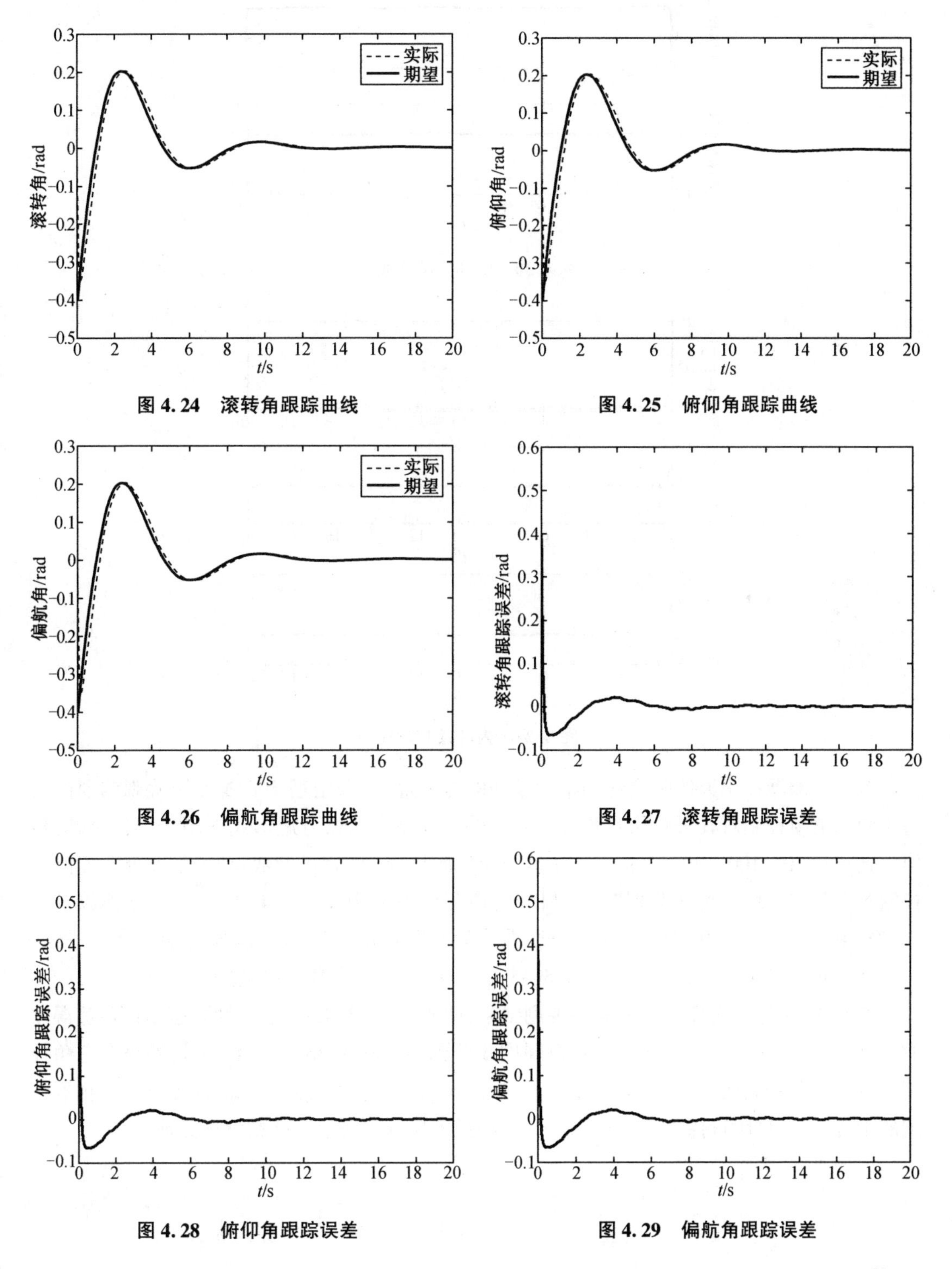

图 4.24　滚转角跟踪曲线

图 4.25　俯仰角跟踪曲线

图 4.26　偏航角跟踪曲线

图 4.27　滚转角跟踪误差

图 4.28　俯仰角跟踪误差

图 4.29　偏航角跟踪误差

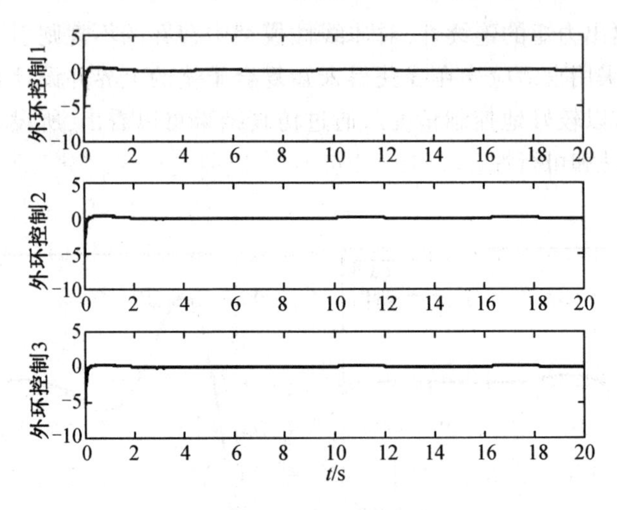

图 4.30 外环控制曲线

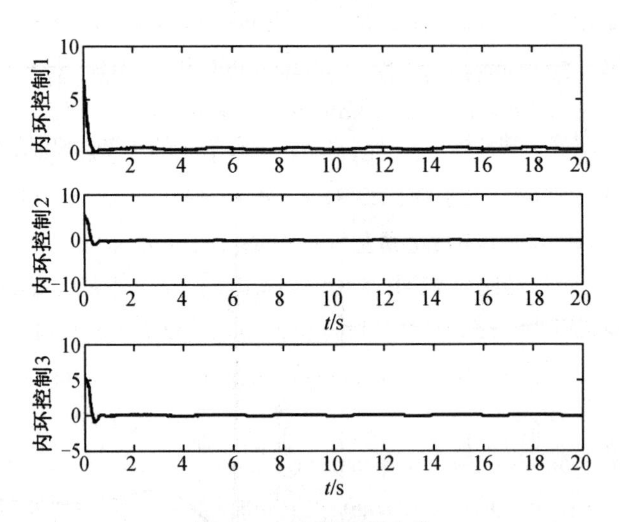

图 4.31 内环控制曲线

考虑探测器在小天体附近遇到幅度较强的外界扰动,采用基于非线性干扰观测器的自适应动态滑模控制对其进行仿真验证。假设外界扰动全部以力矩形式作用于内环回路,数值为 $\boldsymbol{d}_{\mathrm{nf}}=[100\quad 100\quad 20]\cdot\sin 2t$ N·m。仿真所需小天体背景参数、初始值及外环回路的控制器参数与不用干扰观测器时选取相同,内环回路采用式(4.44)的干扰观测器以及式(4.75)和式(4.76)的控制律,其中非线性干扰观测器的矩阵及控制器参数为 $\boldsymbol{P}=[15\cdot\omega_x\quad 15\cdot\omega_y\quad 15\cdot\omega_z]^{\mathrm{T}}$,$\boldsymbol{L}=\mathrm{diag}\{15,15,15\}$,$\tau_{\mathrm{g}}=0.1$,其他参数也与上同。

图 4.32 给出了内环扰动力矩的观测结果,图 4.33 至图 4.35 是三轴姿态角的跟踪误差曲线,可以看出跟踪误差能在较短的时间内收敛到零。图 4.36 至图 4.37 是外环姿态角控制曲线和内环控制曲线,说明在较大干扰影响下,干扰观测器能较好地实时补偿探测器受到的干扰,小天体附近探测器运动的姿态跟踪系统也可以快速地高精度地完成。

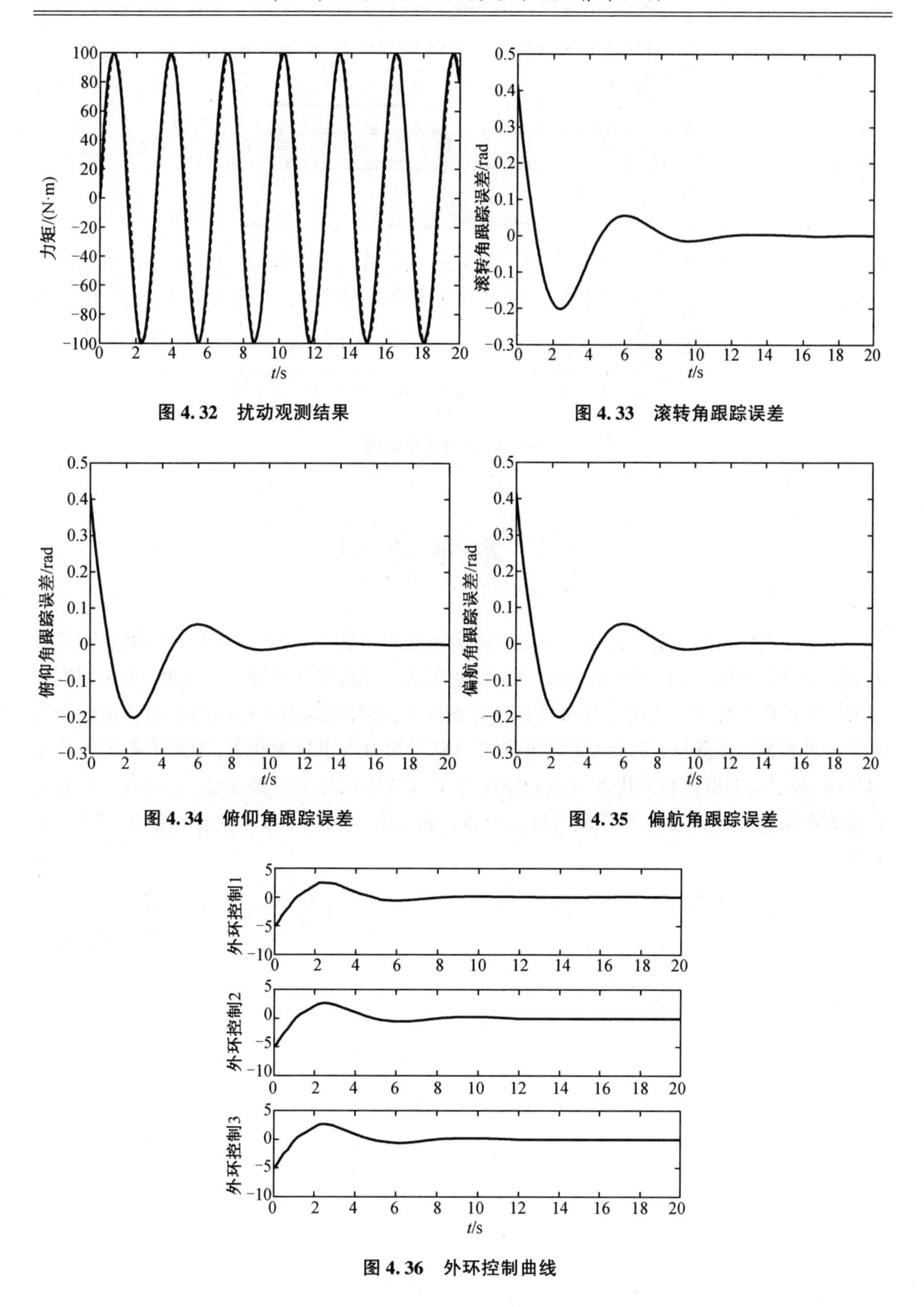

图 4.32　扰动观测结果

图 4.33　滚转角跟踪误差

图 4.34　俯仰角跟踪误差

图 4.35　偏航角跟踪误差

图 4.36　外环控制曲线

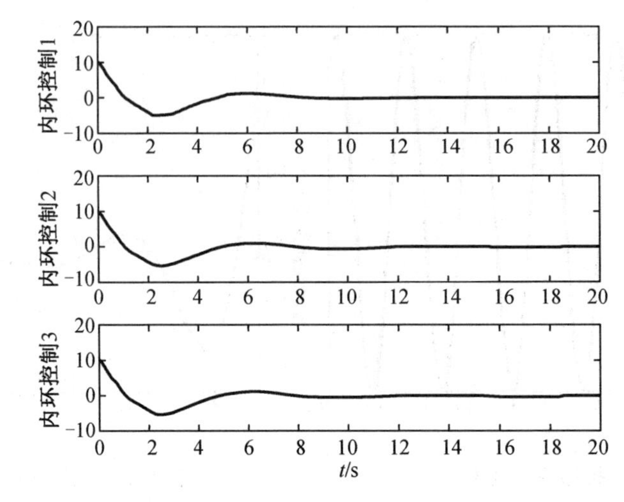

图 4.37　内环控制曲线

4.5　本章小结

本章首先针对简化的探测器绕飞小天体运动的姿态动力学模型，分析了探测器的三维姿态运动及稳定性，考虑不确定性和空间扰动设计了自适应反演滑模控制器，使探测器在小天体附近稳定绕飞。其次针对动力下降段姿态控制的目标，为使得探测器能够精确到达小天体表面预定着陆点上方，以欧拉角形式的姿态动力学系统为对象，考虑不确定性和空间扰动，基于动态滑模和干扰观测器思想设计了自适应双环滑模控制器，实现对期望姿态轨迹的跟踪，使探测器安全降落到着陆点附近。最后利用仿真验证了所提出控制方法的有效性。

第5章　考虑执行机构配置的探测器软着陆小天体鲁棒姿轨耦合控制

5.1　引　　言

在探测器软着陆小天体任务的最终着陆段，探测器本身需要不断调整自身姿态来确保固连于星体的轨道发动机反向制动，这样可以消除探测器与预定着陆点之间的相对位置误差和速度，实现安全准确软着陆。所以需要探测器在受控下降着陆过程中的轨道与姿态能够同时以较高控制精度达到期望的状态，这就使得探测器的姿态与轨道耦合控制成为未来一种必要的控制方式。

另外，从第2章我们可以看到探测器在不规则小天体附近的姿态动力学与轨道动力学之间存在着耦合关系。探测器在小天体附近的空间环境中，还会受到不规则弱引力、第三体引力及太阳光压等空间复杂摄动力影响。例如，探测器的轨道运动会受到引力异常和其他环境力的摄动，而这些环境力往往与姿态运动有关。同时，探测器的姿态运动也会受到引力梯度力矩和其他环境力矩的扰动，而这些力矩又往往与探测器的位置有关。因此，姿态与轨道的相互耦合使得探测器的轨道动力学和姿态动力学不应分割开来，而应该作为一个整体来对待，姿轨联合控制也成为一种合理且必然的控制方式。Scheeres 等对探测器环绕小天体的姿态和轨道动力学及其相互耦合方面有了一些研究，但对姿态和轨道耦合控制还有待进一步研究。

本章研究探测器在小天体附近最终着陆段的姿轨耦合控制问题。充分考虑轨道动力学和姿态动力学之间的耦合作用，将两种动力学模型视为一个整体，并在此基础上设计统一的联合控制律，能够同时调整探测器的相对位置和姿态，控制流程如图5.1所示。首先，假设执行机构配置方案保证有足够的控制维数提供相对位姿变化所需要的控制力和控制力矩，以全驱动姿轨耦合动力学模型为对象，基于反演控制思想，设计鲁棒自适应模糊控制策略，采用模糊逼近系统不确定性和扰动引起的部分模型，抑制系统不确定性和外界扰动。保证探测器在着陆时相对天体表面速度为零，探测器以垂直表面的姿态着陆。其次，假设在星体上仅配置一台大推力轨道发动机，以欠驱动姿轨耦合动力学模型为对象，基于反演思想，并应用三角函数处理控制器设计中存在的非线性问题设计鲁棒控制策略，证明闭环系统的渐近稳定性。

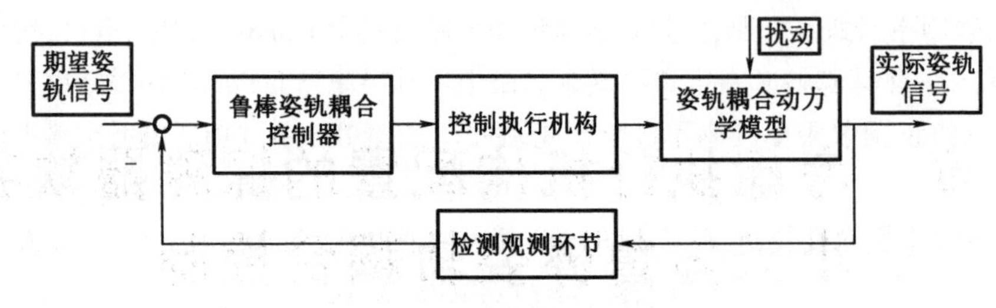

图 5.1　姿轨耦合控制方式

5.2　基于反演自适应模糊的探测器姿轨耦合六自由度同步控制

5.2.1　问题描述

本节假设执行机构配置方案保证有足够的控制维数提供相对位姿变化所需要的控制力和控制力矩，根据探测器在小天体附近运动的姿轨耦合动力学模型，并考虑不确定性和空间扰动，则：

轨道动力学模型可以写为

$$\begin{cases}\dot{\boldsymbol{r}}=\boldsymbol{v}\\ \dot{v}+G(\dot{\boldsymbol{r}})+H(\boldsymbol{r})+d_1=u_1\end{cases}\tag{5.1}$$

姿态动力学模型可以写为

$$\begin{cases}\dot{\sigma}=G(\boldsymbol{\sigma})\cdot\boldsymbol{\omega}\\ \boldsymbol{I}\dot{\omega}+\boldsymbol{\omega}\times\boldsymbol{I}\boldsymbol{\omega}+\boldsymbol{V}+d_2=u_2\end{cases}\tag{5.2}$$

轨道动力学和姿态模型结合在一起，得姿轨耦合动力学模型

$$\begin{cases}\dot{x}_1=\boldsymbol{\Lambda}(\boldsymbol{x}_1)\boldsymbol{x}_2\\ \boldsymbol{M}\dot{x}_2+\boldsymbol{C}(\boldsymbol{x}_2)+\boldsymbol{N}(\boldsymbol{x}_1)+\boldsymbol{D}=\boldsymbol{u}\end{cases}\tag{5.3}$$

其中，$\boldsymbol{x}_1=[\boldsymbol{r}\quad\boldsymbol{\sigma}]^{\mathrm{T}}$；$\boldsymbol{x}_2=[\dot{\boldsymbol{r}}\quad\omega]^{\mathrm{T}}$；$\boldsymbol{\Lambda}=\begin{bmatrix}I_{3\times3}&0_{3\times3}\\0_{3\times3}&G(\boldsymbol{\sigma})\end{bmatrix}$；$\boldsymbol{M}=\begin{bmatrix}I_{3\times3}&0_{3\times3}\\0_{3\times3}&I_{\mathrm{f}}\end{bmatrix}$；$\boldsymbol{u}=[u_1\quad u_2]^{\mathrm{T}}$；$\boldsymbol{C}(\boldsymbol{x}_2)=\begin{bmatrix}G(\dot{\boldsymbol{r}})\\\boldsymbol{\omega}\times\boldsymbol{I}\boldsymbol{\omega}\end{bmatrix}$；$\boldsymbol{N}(\boldsymbol{x}_1)=\begin{bmatrix}H(\boldsymbol{r})\\\boldsymbol{V}\end{bmatrix}$，$\boldsymbol{V}$ 为探测器受到的引力力矩；$\boldsymbol{D}=[d_1\quad d_2]^{\mathrm{T}}$，为不确定性和外部扰动。

首先给出以下假设条件：

假设 5.1　探测器在下降着陆段的位置和姿态信号及期望轨道信号可测量，并且光滑有界。

假设 5.2　系统所受到的外界干扰是有界的，即 $\|d_1\|\leqslant D_1$，$\|d_2\|\leqslant D_2$，D_1、D_1 为已知的正标量。

问题 5.1　考虑探测器姿轨耦合动力学系统（5.3），设计姿轨联合控制律 $\boldsymbol{u}=[u_1\quad u_2]^{\mathrm{T}}$，使得系统存在外界干扰 d_1、d_2 情况下，系统状态 $\boldsymbol{r}$、$\boldsymbol{v}$、$\boldsymbol{\sigma}$ 尽可能趋近于零或者期望值。

5.2.2 控制器设计

控制的目的是使探测器跟踪预设的着陆轨道和姿态轨迹,准确降落于预定着陆点,探测器在着陆时相对小天体速度为零,并且探测器以垂直天体表面姿态着陆。

第一步:定义误差向量

首先定义误差 $z_1=\boldsymbol{x}_1-x_{1d}$,$z_2=\boldsymbol{x}_2-\alpha_1$,$\alpha_1$ 是 z_2 的估计值,则

$$\dot{z}_1=\dot{x}_1-\dot{x}_{1d}=\boldsymbol{\Lambda}(\boldsymbol{x}_1)\boldsymbol{x}_2-\dot{x}_{1d}=\boldsymbol{\Lambda}(\boldsymbol{x}_1)(z_2+\alpha_1)-\dot{x}_{1d} \tag{5.4}$$

取第一个李雅普诺夫函数为 $\boldsymbol{V}_1=\frac{1}{2}z_1^{\mathrm{T}}z_1$,求导得

$$\dot{V}_1=z_1^{\mathrm{T}}\dot{z}_1=z_1^{\mathrm{T}}[\boldsymbol{\Lambda}(\boldsymbol{x}_1)(z_2+\alpha_1)-\dot{x}_{1d}]=z_1^{\mathrm{T}}\boldsymbol{\Lambda}(\boldsymbol{x}_1)z_2+z_1^{\mathrm{T}}[\boldsymbol{\Lambda}(\boldsymbol{x}_1)\alpha_1-\dot{x}_{1d}] \tag{5.5}$$

取虚拟控制量为

$$\alpha_1=-\boldsymbol{\Gamma}_1\boldsymbol{\Lambda}(\boldsymbol{x}_1)^{\mathrm{T}}z_1+x_{1d} \tag{5.6}$$

第二步:设计反演控制律

$$\boldsymbol{M}\dot{z}_2=\boldsymbol{M}(\dot{x}_2-\dot{\alpha}_1)=\boldsymbol{M}\dot{x}_2-\boldsymbol{M}\dot{\alpha}_1=\boldsymbol{u}-\boldsymbol{C}(\boldsymbol{x}_2)-\boldsymbol{N}(\boldsymbol{x}_1)-\boldsymbol{D}-\boldsymbol{M}\dot{\alpha}_1 \tag{5.7}$$

取控制律为

$$\boldsymbol{u}=-\boldsymbol{\Gamma}_2z_2-z_1-\varphi \tag{5.8}$$

其中,φ 为用于逼近非线性函数的模糊系统。

取第 2 个李雅普诺夫函数为

$$\boldsymbol{V}_2=\boldsymbol{V}_1+\frac{1}{2}z_2^{\mathrm{T}}\boldsymbol{M}z_2 \tag{5.9}$$

$$\begin{aligned}\dot{V}_2&=\dot{V}_1+z_2^{\mathrm{T}}\boldsymbol{M}\dot{z}_2\\&=z_1^{\mathrm{T}}\boldsymbol{\Lambda}(\boldsymbol{x}_1)z_2-z_1^{\mathrm{T}}\boldsymbol{\Lambda}(\boldsymbol{x}_1)\boldsymbol{\Gamma}\boldsymbol{\Lambda}(\boldsymbol{x}_1)^{\mathrm{T}}z_1+z_2^{\mathrm{T}}[\boldsymbol{u}-\boldsymbol{C}(\boldsymbol{x}_2)-\boldsymbol{N}(\boldsymbol{x}_1)-\boldsymbol{D}-\boldsymbol{M}\dot{\alpha}_1]\\&=z_1^{\mathrm{T}}\boldsymbol{\Lambda}(\boldsymbol{x}_1)z_2-z_1^{\mathrm{T}}\boldsymbol{\Lambda}(\boldsymbol{x}_1)\boldsymbol{\Gamma}\boldsymbol{\Lambda}(\boldsymbol{x}_1)^{\mathrm{T}}z_1+z_2^{\mathrm{T}}[\boldsymbol{u}-\boldsymbol{C}(\boldsymbol{x}_2)-\boldsymbol{N}(\boldsymbol{x}_1)-\boldsymbol{M}\dot{\alpha}_1]-z_2^{\mathrm{T}}\boldsymbol{D}\end{aligned} \tag{5.10}$$

令

$$f=\boldsymbol{C}(\boldsymbol{x}_2)+\boldsymbol{N}(\boldsymbol{x}_1)+\boldsymbol{M}\dot{\alpha}_1 \tag{5.11}$$

则

$$\dot{V}_2=z_1^{\mathrm{T}}\boldsymbol{\Lambda}(\boldsymbol{x}_1)z_2-z_1^{\mathrm{T}}\boldsymbol{\Lambda}(\boldsymbol{x}_1)\boldsymbol{\Gamma}\boldsymbol{\Lambda}(\boldsymbol{x}_1)^{\mathrm{T}}z_1+z_2^{\mathrm{T}}(\boldsymbol{u}-f)-z_2^{\mathrm{T}}\boldsymbol{D} \tag{5.12}$$

代入控制律 $\boldsymbol{u}$,得到

$$\begin{aligned}\dot{V}_2&=z_1^{\mathrm{T}}\boldsymbol{\Lambda}(\boldsymbol{x}_1)z_2-z_1^{\mathrm{T}}\boldsymbol{\Lambda}(\boldsymbol{x}_1)\boldsymbol{\Gamma}\boldsymbol{\Lambda}(\boldsymbol{x}_1)^{\mathrm{T}}z_1+z_2^{\mathrm{T}}(\boldsymbol{u}+f)-z_2^{\mathrm{T}}\boldsymbol{D}\\&=z_1^{\mathrm{T}}\boldsymbol{\Lambda}(\boldsymbol{x}_1)z_2-z_1^{\mathrm{T}}\boldsymbol{\Lambda}(\boldsymbol{x}_1)\boldsymbol{\Gamma}\boldsymbol{\Lambda}(\boldsymbol{x}_1)^{\mathrm{T}}z_1+z_2^{\mathrm{T}}[-\boldsymbol{\Gamma}_2z_2-\boldsymbol{\Lambda}(\boldsymbol{x}_1)z_1-\varphi-f]-z_2^{\mathrm{T}}\boldsymbol{D}\\&=-z_1^{\mathrm{T}}\boldsymbol{\Lambda}(\boldsymbol{x}_1)\boldsymbol{\Gamma}\boldsymbol{\Lambda}(\boldsymbol{x}_1)^{\mathrm{T}}z_1-z_2^{\mathrm{T}}\boldsymbol{\Gamma}_2z_2+z_2^{\mathrm{T}}(f-\varphi)-z_2^{\mathrm{T}}\boldsymbol{D}\end{aligned} \tag{5.13}$$

其中,f 包含了系统模型信息,为了实现无须模型的控制,采用模糊系统逼近 f。

第三步:设计自适应模糊控制

逼近 f 的模糊系统 φ,采用单值模糊化、乘机推理和重心平均反模糊化。假设模糊系统由 N 条模糊规则构成,第 i 条模糊规则表达式为

$$\mathrm{R}^i:\text{IF } x_1 \text{ is } \boldsymbol{\mu}_1^i\ldots \text{ and } x_n \text{ is } \boldsymbol{\mu}_n^i,\ \text{then } y \text{ is } B^i(i=1,2,\cdots,N)$$

其中,μ_1^i 为 $x_j(j=1,2,\cdots,n)$ 的隶属函数。模糊控制规则通过设置其初始参数而被嵌入模糊控制器。则模糊系统的输出为

$$y=\frac{\sum_{i=1}^{N}\theta_i\prod_{j=1}^{n}\mu_j^i(x_j)}{\sum_{i=1}^{N}\prod_{j=1}^{n}\mu_j^i(x_j)}=\boldsymbol{\xi}^{\mathrm{T}}(\boldsymbol{x})\boldsymbol{\theta} \tag{5.14}$$

其中,$\boldsymbol{\xi}=[\boldsymbol{\xi}_1(\boldsymbol{x})\quad \boldsymbol{\xi}_2(\boldsymbol{x})\quad \cdots\quad \boldsymbol{\xi}_N(\boldsymbol{x})]^{\mathrm{T}}$,$\xi_i(\boldsymbol{x})=\frac{\prod_{j=1}^{n}\mu_j^i(x_j)}{\sum_{i=1}^{N}\prod_{j=1}^{n}\mu_j^i(x_j)}$;$\boldsymbol{\theta}=[\theta_1(\boldsymbol{x})\quad \theta_2(\boldsymbol{x})\quad \cdots\quad \theta_N(\boldsymbol{x})]^{\mathrm{T}}$。

采用分别逼近 f_1、f_2、f_3 的形式,设计相应的模糊系统,有

$$\varphi_1(\boldsymbol{x})=\frac{\sum_{i=1}^{N}\theta_{1i}\prod_{j=1}^{n}\mu_j^i(x_j)}{\sum_{i=1}^{N}\prod_{j=1}^{n}\mu_j^i(x_j)}=\boldsymbol{\xi}_1^{\mathrm{T}}(\boldsymbol{x})\theta_1$$

$$\varphi_2(\boldsymbol{x})=\frac{\sum_{i=1}^{N}\theta_{2i}\prod_{j=1}^{n}\mu_j^i(x_j)}{\sum_{i=1}^{N}\prod_{j=1}^{n}\mu_j^i(x_j)}=\boldsymbol{\xi}_2^{\mathrm{T}}(\boldsymbol{x})\theta_2$$

$$\varphi_3(\boldsymbol{x})=\frac{\sum_{i=1}^{N}\theta_{3i}\prod_{j=1}^{n}\mu_j^i(x_j)}{\sum_{i=1}^{N}\prod_{j=1}^{n}\mu_j^i(x_j)}=\boldsymbol{\xi}_3^{\mathrm{T}}(\boldsymbol{x})\theta_3$$

则

$$\boldsymbol{\varphi}=[\varphi_1\quad \varphi_2\quad \varphi_3]^{\mathrm{T}}=\begin{bmatrix}\boldsymbol{\xi}_1^{\mathrm{T}} & 0 & 0\\ 0 & \boldsymbol{\xi}_2^{\mathrm{T}} & 0\\ 0 & 0 & \boldsymbol{\xi}_3^{\mathrm{T}}\end{bmatrix}\begin{bmatrix}\theta_1\\ \theta_2\\ \theta_3\end{bmatrix}=\boldsymbol{\xi}^{\mathrm{T}}(\boldsymbol{x})\theta \tag{5.15}$$

定义最优逼近常量 θ^*,对于给定任意小的常量 ε,根据模糊逼近定理可知$\|f-\varphi^*\|\leqslant\varepsilon$。

设计自适应控制律为

$$\dot{\theta}=\rho[z_2^{\mathrm{T}}\boldsymbol{\xi}^{\mathrm{T}}(\boldsymbol{x})]^{\mathrm{T}}-2k\boldsymbol{\theta} \tag{5.16}$$

定理 5.1 针对小天体附近探测器运动的姿轨耦合动力学模型(5.3)和已给出的假设,设计反演控制律(5.8),其中系统误差定义为式(5.3)和式(5.4),非线性系统的模糊逼近函数为式(5.15),自适应更新律为式(5.16),则系统跟踪误差在提出的控制律作用下稳定收敛于原点。

证明:令 $\widetilde{\boldsymbol{\theta}}=\theta^*-\boldsymbol{\theta}$,定义整个系统的李雅普诺夫函数为 $\boldsymbol{V}=\boldsymbol{V}_2+\frac{1}{2\rho}\widetilde{\boldsymbol{\theta}}^{\mathrm{T}}\widetilde{\boldsymbol{\theta}}$,则

$$\dot{V}=\dot{V}_2-\frac{1}{\rho}\widetilde{\boldsymbol{\theta}}^{\mathrm{T}}\dot{\theta}=-z_1^{\mathrm{T}}\boldsymbol{\Lambda}(\boldsymbol{x}_1)\boldsymbol{\Gamma}\boldsymbol{\Lambda}(\boldsymbol{x}_1)^{\mathrm{T}}z_1-z_2^{\mathrm{T}}\boldsymbol{\Gamma}_2z_2+z_2^{\mathrm{T}}[f-\boldsymbol{\xi}^{\mathrm{T}}(\boldsymbol{x})\boldsymbol{\theta}]-z_2^{\mathrm{T}}\boldsymbol{D}-\frac{1}{\rho}\widetilde{\boldsymbol{\theta}}^{\mathrm{T}}\dot{\theta}$$

$$=-z_1^{\mathrm{T}}\boldsymbol{\Lambda}(\boldsymbol{x}_1)\boldsymbol{\Gamma}\boldsymbol{\Lambda}(\boldsymbol{x}_1)^{\mathrm{T}}z_1-z_2^{\mathrm{T}}\boldsymbol{\Gamma}_2z_2+z_2^{\mathrm{T}}[f-\boldsymbol{\xi}^{\mathrm{T}}(\boldsymbol{x})\boldsymbol{\theta}^*]+z_2^{\mathrm{T}}[\boldsymbol{\xi}^{\mathrm{T}}(\boldsymbol{x})\theta^*-\boldsymbol{\xi}^{\mathrm{T}}(\boldsymbol{x})\boldsymbol{\theta}]-z_2^{\mathrm{T}}\boldsymbol{D}-\frac{1}{\rho}\widetilde{\boldsymbol{\theta}}^{\mathrm{T}}\dot{\theta}$$

$$\dot{V} \leqslant -z_1^{\mathrm{T}}\boldsymbol{\Lambda}(\boldsymbol{x}_1)\Gamma\boldsymbol{\Lambda}(\boldsymbol{x}_1)^{\mathrm{T}}z_1 - z_2^{\mathrm{T}}\Gamma_2 z_2 + \|z_2^{\mathrm{T}}\| \cdot \|f - \boldsymbol{\xi}^{\mathrm{T}}(\boldsymbol{x})\boldsymbol{\theta}^*\| + z_2^{\mathrm{T}}[\boldsymbol{\xi}^{\mathrm{T}}(\boldsymbol{x})\widetilde{\boldsymbol{\theta}}] - \|z_2^{\mathrm{T}}\| \cdot \|\boldsymbol{D}\| - \frac{1}{\rho}\widetilde{\boldsymbol{\theta}}^{\mathrm{T}}\dot{\theta}$$

$$\leqslant -z_1^{\mathrm{T}}\boldsymbol{\Lambda}(\boldsymbol{x}_1)\Gamma\boldsymbol{\Lambda}(\boldsymbol{x}_1)^{\mathrm{T}}z_1 - z_2^{\mathrm{T}}\Gamma_2 z_2 + \frac{1}{2}\|z_2^{\mathrm{T}}\|^2 + \frac{1}{2}\varepsilon^2 + \widetilde{\boldsymbol{\theta}}^{\mathrm{T}}\left\{[z_2^{\mathrm{T}}\boldsymbol{\xi}(\boldsymbol{x})]^{\mathrm{T}} - \frac{1}{\rho}\dot{\theta}\right\} + \frac{1}{2}\|z_2^{\mathrm{T}}\|^2 + \frac{1}{2}\|\boldsymbol{D}\|^2$$

代入自适应律(5.16)，得到

$$\dot{V} \leqslant -z_1^{\mathrm{T}}\boldsymbol{\Lambda}(\boldsymbol{x}_1)\Gamma\boldsymbol{\Lambda}(\boldsymbol{x}_1)^{\mathrm{T}}z_1 - z_2^{\mathrm{T}}\Gamma_2 z_2 + \|z_2^{\mathrm{T}}\|^2 + \frac{1}{2}\varepsilon^2\widetilde{\boldsymbol{\theta}}^{\mathrm{T}}\left([z_2^{\mathrm{T}}\boldsymbol{\xi}(\boldsymbol{x})]^{\mathrm{T}} - \frac{1}{\rho}\{\rho[z_2^{\mathrm{T}}\boldsymbol{\xi}^{\mathrm{T}}(\boldsymbol{x})]^{\mathrm{T}} - 2k\boldsymbol{\theta}\}\right) + \frac{1}{2}\boldsymbol{D}^{\mathrm{T}}\boldsymbol{D}$$

$$\leqslant -z_1^{\mathrm{T}}\boldsymbol{\Lambda}(\boldsymbol{x}_1)\Gamma\boldsymbol{\Lambda}(\boldsymbol{x}_1)^{\mathrm{T}}z_1 - z_2^{\mathrm{T}}\Gamma_2 z_2 + z_2^{\mathrm{T}}z_2 + \frac{1}{2}\varepsilon^2 + \frac{2k}{\rho}\widetilde{\boldsymbol{\theta}}^{\mathrm{T}}\boldsymbol{\theta} + \frac{1}{2}\boldsymbol{D}^{\mathrm{T}}\boldsymbol{D}$$

$$= -z_1^{\mathrm{T}}\boldsymbol{\Lambda}(\boldsymbol{x}_1)\Gamma\boldsymbol{\Lambda}(\boldsymbol{x}_1)^{\mathrm{T}}z_1 - z_2^{\mathrm{T}}(\Gamma_2 - \boldsymbol{E})z_2 + \frac{k}{\rho}(2\boldsymbol{\theta}^{*\mathrm{T}}\boldsymbol{\theta} - 2\boldsymbol{\theta}^{\mathrm{T}}\boldsymbol{\theta}) + \frac{1}{2}\varepsilon^2 + \frac{1}{2}\boldsymbol{D}^{\mathrm{T}}\boldsymbol{D}$$

$$\leqslant -z_1^{\mathrm{T}}\boldsymbol{\Lambda}(\boldsymbol{x}_1)\Gamma\boldsymbol{\Lambda}(\boldsymbol{x}_1)^{\mathrm{T}}z_1 - z_2^{\mathrm{T}}(\Gamma_2 - \boldsymbol{E})z_2 + \frac{k}{\rho}(-\boldsymbol{\theta}^{\mathrm{T}}\boldsymbol{\theta} + \boldsymbol{\theta}^{*\mathrm{T}}\boldsymbol{\theta}^*) + \frac{1}{2}\varepsilon^2 + \frac{1}{2}\boldsymbol{D}^{\mathrm{T}}\boldsymbol{D}$$

$$= -z_1^{\mathrm{T}}\boldsymbol{\Lambda}(\boldsymbol{x}_1)\Gamma\boldsymbol{\Lambda}(\boldsymbol{x}_1)^{\mathrm{T}}z_1 - z_2^{\mathrm{T}}(\Gamma_2 - \boldsymbol{E})z_2 + \frac{k}{\rho}(-\boldsymbol{\theta}^{\mathrm{T}}\boldsymbol{\theta} + \boldsymbol{\theta}^{*\mathrm{T}}\boldsymbol{\theta}^*) + \frac{2k}{\rho}\boldsymbol{\theta}^{*\mathrm{T}}\boldsymbol{\theta}^* + \frac{1}{2}\varepsilon^2 + \frac{1}{2}\boldsymbol{D}^{\mathrm{T}}\boldsymbol{D}$$

由$(\boldsymbol{\theta}^* + \boldsymbol{\theta})^{\mathrm{T}}(\boldsymbol{\theta}^* + \boldsymbol{\theta}) \geqslant 0$得$-\boldsymbol{\theta}^{*\mathrm{T}}\boldsymbol{\theta} - \boldsymbol{\theta}^{\mathrm{T}}\boldsymbol{\theta}^* \leqslant \boldsymbol{\theta}^{*\mathrm{T}}\boldsymbol{\theta}^* + \boldsymbol{\theta}^{\mathrm{T}}\boldsymbol{\theta}$，则

$$\widetilde{\boldsymbol{\theta}}^{\mathrm{T}}\widetilde{\boldsymbol{\theta}} = (\boldsymbol{\theta}^{*T} - \boldsymbol{\theta}^{\mathrm{T}})(\boldsymbol{\theta}^* - \boldsymbol{\theta}) = \boldsymbol{\theta}^{*\mathrm{T}}\boldsymbol{\theta}^* + \boldsymbol{\theta}^{\mathrm{T}}\boldsymbol{\theta} - \boldsymbol{\theta}^{*\mathrm{T}}\boldsymbol{\theta} - \boldsymbol{\theta}^{\mathrm{T}}\boldsymbol{\theta}^* \leqslant 2\boldsymbol{\theta}^{*\mathrm{T}}\boldsymbol{\theta}^* 2 + \boldsymbol{\theta}^{\mathrm{T}}\boldsymbol{\theta}$$

即$-\boldsymbol{\theta}^{\mathrm{T}}\boldsymbol{\theta} - \boldsymbol{\theta}^{*\mathrm{T}}\boldsymbol{\theta}^* \leqslant -\frac{1}{2}\widetilde{\boldsymbol{\theta}}^{\mathrm{T}}\widetilde{\boldsymbol{\theta}}$，则

$$\dot{V} \leqslant -z_1^{\mathrm{T}}\boldsymbol{\Lambda}(\boldsymbol{x}_1)\Gamma\boldsymbol{\Lambda}(\boldsymbol{x}_1)^{\mathrm{T}}z_1 - z_2^{\mathrm{T}}(\Gamma_2 - \boldsymbol{E})z_2 - \frac{k}{2\rho}\widetilde{\boldsymbol{\theta}}^{\mathrm{T}}\widetilde{\boldsymbol{\theta}} + \frac{2k}{\rho}\boldsymbol{\theta}^{*\mathrm{T}}\boldsymbol{\theta}^* + \frac{1}{2}\varepsilon^2 + \frac{1}{2}\boldsymbol{D}^{\mathrm{T}}\boldsymbol{D}$$

$$= z_1^{\mathrm{T}}\boldsymbol{\Lambda}(\boldsymbol{x}_1)\Gamma\boldsymbol{\Lambda}(\boldsymbol{x}_1)^{\mathrm{T}}z_1 - z_2^{\mathrm{T}}(\Gamma_2 - \boldsymbol{E})\boldsymbol{M}^{-1}\boldsymbol{M}z_2 - \frac{k}{2\rho}\widetilde{\boldsymbol{\theta}}^{\mathrm{T}}\widetilde{\boldsymbol{\theta}} + \frac{2k}{\rho}\boldsymbol{\theta}^{*\mathrm{T}}\boldsymbol{\theta}^* + \frac{1}{2}\varepsilon^2 + \frac{1}{2}\boldsymbol{D}^{\mathrm{T}}\boldsymbol{D}$$

取 $\Gamma_2 > \boldsymbol{E}$，存在 $\gamma > 0, \boldsymbol{M} \leqslant \gamma\boldsymbol{I}$，则

$$\dot{V} \leqslant -z_1^{\mathrm{T}}\boldsymbol{\Lambda}(\boldsymbol{x}_1)\Gamma\boldsymbol{\Lambda}(\boldsymbol{x}_1)^{\mathrm{T}}z_1 - \frac{1}{\gamma}z_2^{\mathrm{T}}(\Gamma_2 - \boldsymbol{E})\boldsymbol{M}z_2 - \frac{k}{2\rho}\widetilde{\boldsymbol{\theta}}^{\mathrm{T}}\widetilde{\boldsymbol{\theta}} + \frac{2k}{\rho}\boldsymbol{\theta}^{*\mathrm{T}}\boldsymbol{\theta}^* + \frac{1}{2}\varepsilon^2 + \frac{1}{2}\boldsymbol{D}^{\mathrm{T}}\boldsymbol{D}$$

定义 $c_0 = \min\left\{2\Gamma, \frac{2}{\gamma}(\Gamma_2 - \boldsymbol{E}), k\right\}$，则

$$\dot{V} \leqslant -\frac{c_0}{2}\left(z_1^{\mathrm{T}}z_1 + z_2^{\mathrm{T}}\boldsymbol{M}z_2 + \frac{1}{\rho}\widetilde{\boldsymbol{\theta}}^{\mathrm{T}}\widetilde{\boldsymbol{\theta}}\right) + \frac{2k}{\rho}\boldsymbol{\theta}^{*\mathrm{T}}\boldsymbol{\theta}^* + \frac{1}{2}\varepsilon^2 + \frac{1}{2}\boldsymbol{D}^{\mathrm{T}}\boldsymbol{D}$$

$$= -c_0\boldsymbol{V} + \frac{2k}{\rho}\boldsymbol{\theta}^{*\mathrm{T}}\boldsymbol{\theta}^* + \frac{1}{2}\varepsilon^2 + \frac{1}{2}\boldsymbol{D}^{\mathrm{T}}\boldsymbol{D}$$

$$\leqslant -c_0\boldsymbol{V}c_{v\max} \tag{5.17}$$

求解式(5.17)，得到

$$\boldsymbol{V} \leqslant \boldsymbol{V}(0)\exp(-c_0 t) + \frac{c_{v\max}}{c_0}[1 - \exp(-c_0 t)] \leqslant \boldsymbol{V}(0) + \frac{c_{v\max}}{c_0} \tag{5.18}$$

根据式(5.18)可知,$\boldsymbol{V}$有界,且闭环系统所有信号有界,所设计的控制系统是稳定的。

5.2.3 仿真研究

本小节通过一段探测器软着陆小天体表面最终着陆段的数值仿真,来验证所设计控制律的有效性。其中目标小天体以小行星 Eros433 为例,引力常数、自转角速度、引力系数等各项参数见表 3.1 所示,不规则引力力矩计算及三轴转动惯量参考 4.2 节内容。

考虑探测器相对于预定着陆点的初始相对位姿为:

$$\boldsymbol{r}(0)=[50\quad -15\quad 10]^{\mathrm{T}}\mathrm{m},\boldsymbol{v}(0)=[-1.0\quad -0.2\quad -1.0]^{\mathrm{T}}\ \mathrm{m/s}$$

$$\boldsymbol{\sigma}(0)=[-0.7\quad 1.1\quad 0.9]^{\mathrm{T}},\boldsymbol{\omega}(0)=[0.1\quad 0.3\quad 0.3]^{\mathrm{T}}\ \mathrm{rad/s}$$

期望相对位姿为:

$$\boldsymbol{r}_{\mathrm{d}}=[0\quad 0\quad 0]^{\mathrm{T}}\mathrm{m},\boldsymbol{v}_{\mathrm{d}}=[0\quad 0\quad 0]^{\mathrm{T}}\ \mathrm{m/s}$$

$$\boldsymbol{\sigma}_{\mathrm{d}}=[0.2\quad 0\quad 0]^{\mathrm{T}},\boldsymbol{\omega}_{\mathrm{d}}=[0\quad 0\quad 0]^{\mathrm{T}}\ \mathrm{rad/s}$$

控制律参数设置为:$\Gamma_1=0.01,\Gamma_2=3,\rho=2,k=1.5$。

外界干扰设定为:

$$\boldsymbol{d}_1(t)=[0.0025\sin(2\omega t)\quad 0.0025\sin(2\omega t)\quad 0.0025\sin(2\omega t)]^{\mathrm{T}}$$

$$\boldsymbol{d}_2(t)=[0.0025\sin(2\omega t)\quad 0.0025\sin(2\omega t)\quad 0.0025\sin(2\omega t)]^{\mathrm{T}}$$

针对小天体附近探测器运动的姿轨耦合动力学模型(5.3),反演自适应模糊控制律(5.8)仿真结果如下。图 5.2 至图 5.4 所示为探测器下降位置曲线,图 5.5 至图 5.7 为探测器下降速度曲线,图 5.8 至图 5.10 为罗德里格斯参数曲线,图 5.11 至图 5.13 为探测器下降过程中姿态角速度曲线,图 5.14 至图 5.16 为轨道运动控制力曲线,图 5.17 至图 5.19 为姿态运动控制力矩曲线。

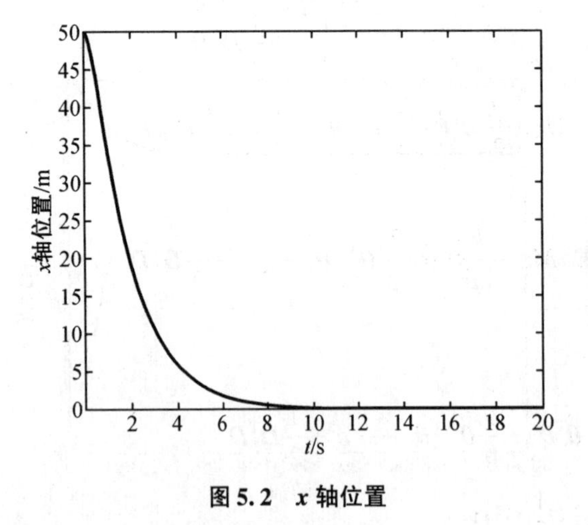

图 5.2　x 轴位置

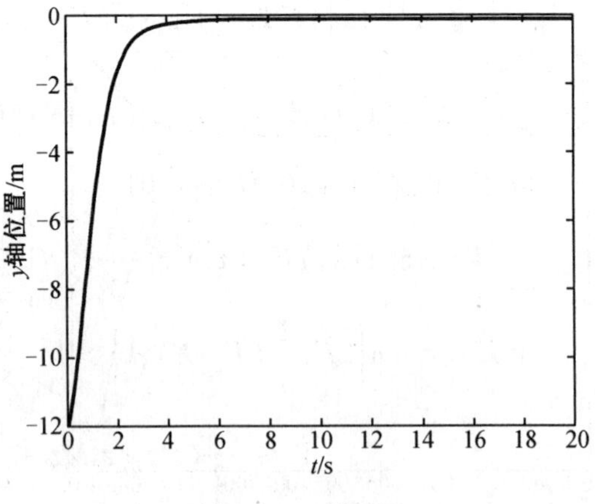

图 5.3　y 轴位置

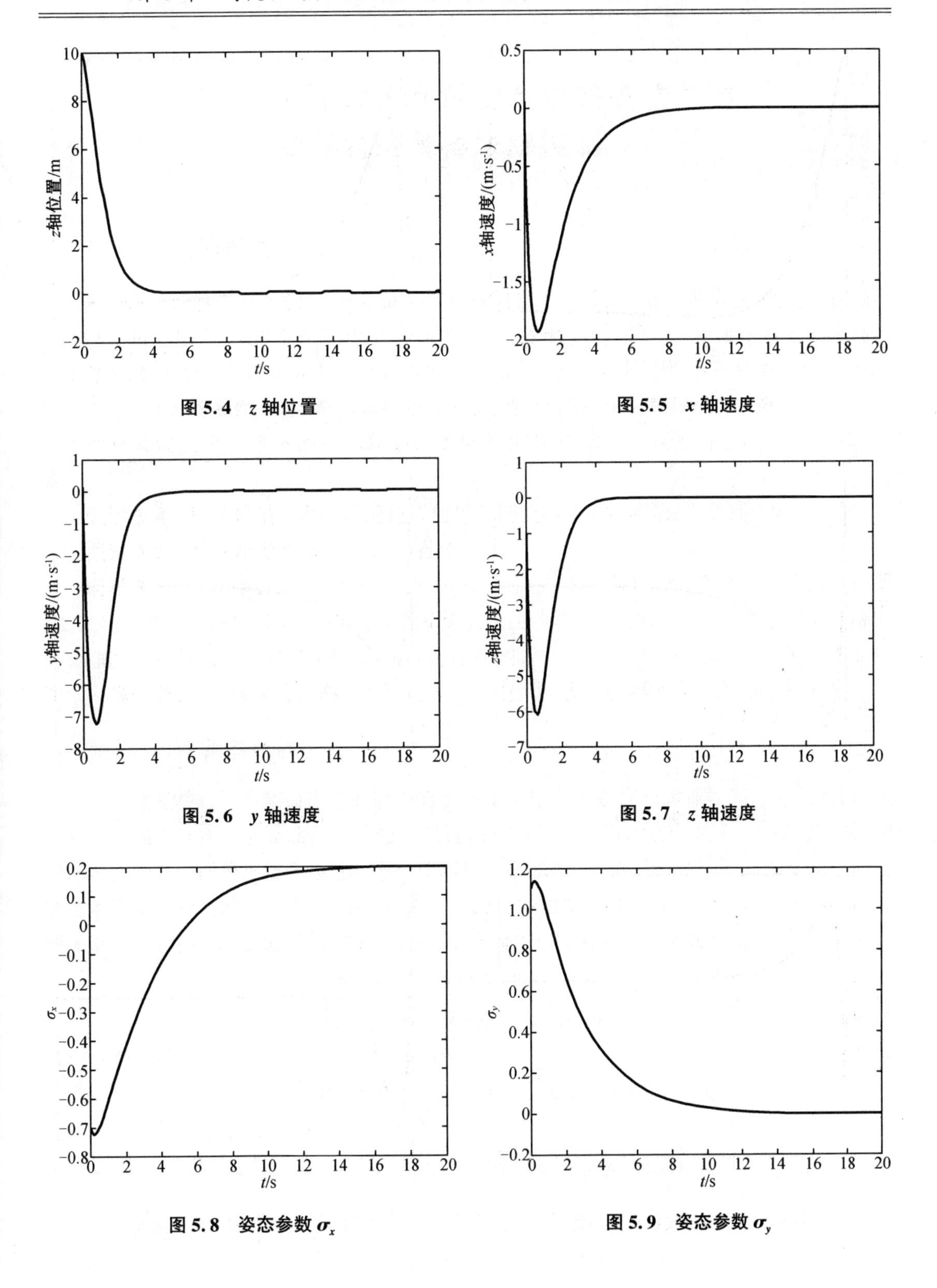

图 5.4 z 轴位置

图 5.5 x 轴速度

图 5.6 y 轴速度

图 5.7 z 轴速度

图 5.8 姿态参数 σ_x

图 5.9 姿态参数 σ_y

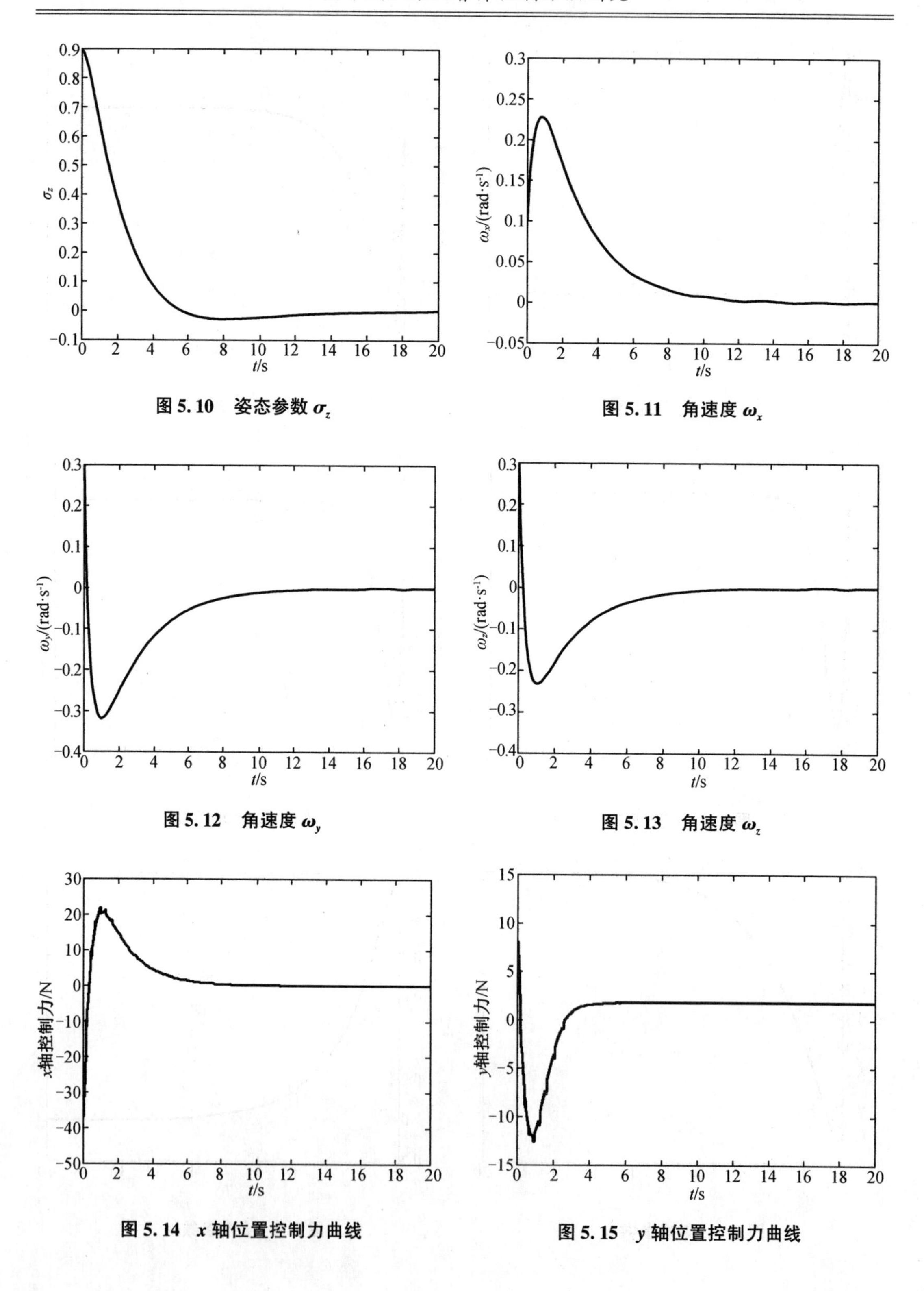

图 5.10　姿态参数 σ_z

图 5.11　角速度 ω_x

图 5.12　角速度 ω_y

图 5.13　角速度 ω_z

图 5.14　x 轴位置控制力曲线

图 5.15　y 轴位置控制力曲线

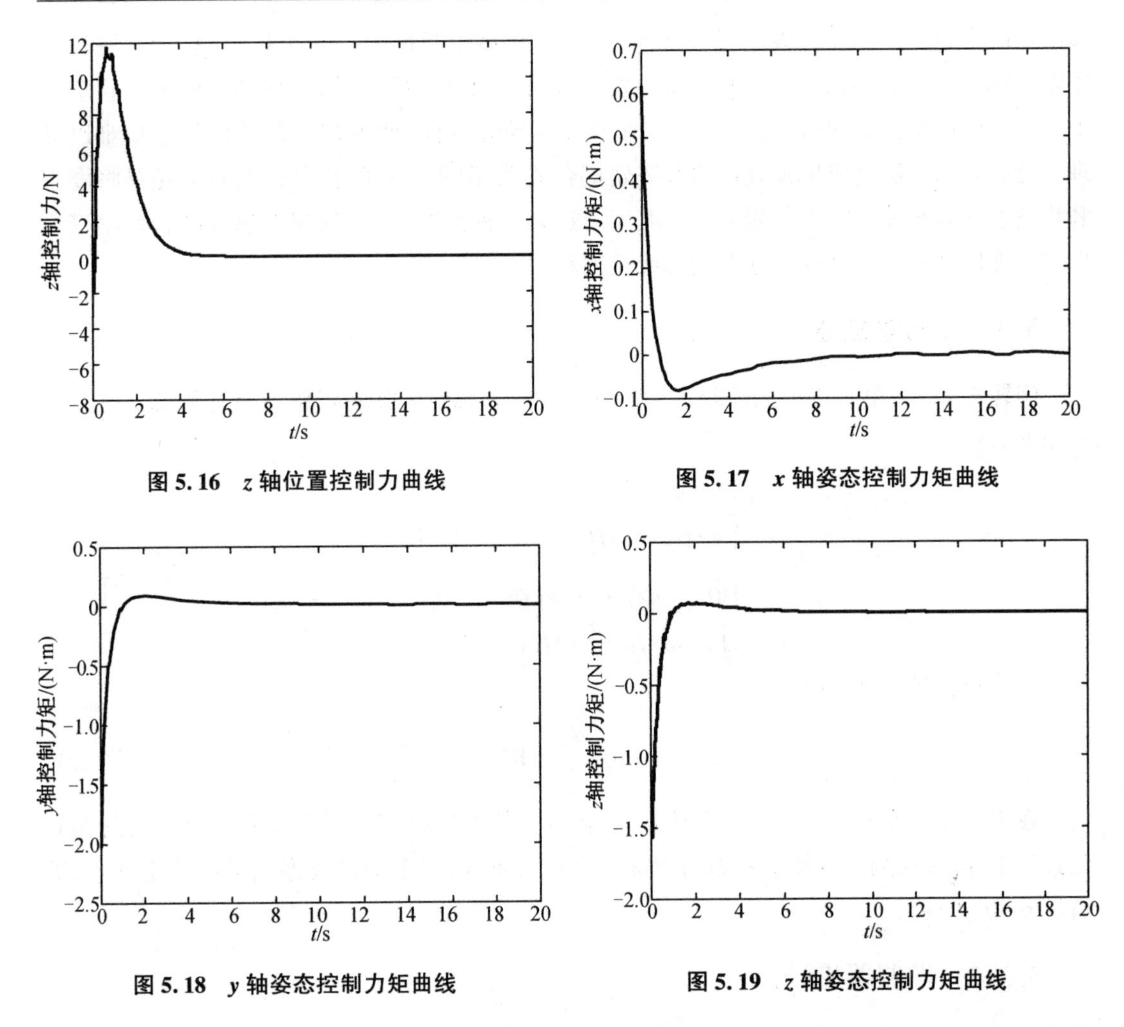

图 5.16　z 轴位置控制力曲线

图 5.17　x 轴姿态控制力矩曲线

图 5.18　y 轴姿态控制力矩曲线

图 5.19　z 轴姿态控制力矩曲线

由仿真结果可以看出，对于存在外部干扰的姿轨耦合动力学系统模型，探测器下降位置和姿态能在较短时间内几乎同步达到期望值，对系统的不确定性和扰动有较好的鲁棒性。探测器准确地降落于天体表面预定着陆点，并且本体坐标系与落点坐标系重合，根据两者定义可知，舱体以垂直的姿态着陆。同时，探测器相对天体表面的速度收敛于零，实现了软着陆的目的。控制力和力矩的曲线在起始的一段时间内略大，因为姿态子系统需要在短时间内快速地调整舱体姿态以实现准确的推力定向。

5.3　欠驱动探测器软着陆鲁棒姿轨耦合控制

上节中假设执行机构配置方案保证有足够的控制维数提供相对位姿变化所需要的控制力和控制力矩，实现了探测器三轴位置、速度、姿态角及姿态角速度跟踪误差能够收敛。本节考虑执行机构的配置不能保证姿轨耦合系统具有六维的控制输入，则探测器着陆小天体的姿轨耦合动力学模型本质上表现为欠驱动控制系统。引起欠驱动的主要原因有两方面：一方面，控制系统出现执行机构故障导致探测器本体的某一个或两个方向上无法正常输出控制力矩;另一方面,根据任务要求,一般在星体上只配置一台大推力轨道发动机,利用姿轨耦合关系由姿态子系统配合轨道发动机完成期望的推力,以实现期望的相对轨道运动。这时的模型将表现出强耦合、非线性及欠驱动等特性,使得控制器的设计更加难以处理。已经有部分研究成果来处理这种姿轨耦合关系,但所设计的控制律基本上还是将姿态和轨道独立分开处理。本节研究主要基于上述第二种情况,基于反演思想并结合数学变换思想处理控制器设计过程中存在的非线性问题。

5.3.1 问题描述

问题 5.2 将第 2 章小天体附近探测器运动的非线性欠驱动姿轨耦合模型(2.41)改写成如下形式

$$\begin{cases}\dot{r}=\boldsymbol{v}\\ \dot{v}+G(\dot{r})+\boldsymbol{H}(\boldsymbol{r})+\boldsymbol{d}_1=aN(\boldsymbol{\Phi})\\ \dot{\boldsymbol{\Phi}}=f(\boldsymbol{\Phi})\cdot\boldsymbol{\omega}+g(\boldsymbol{\Phi})\\ \boldsymbol{I}\dot{\boldsymbol{\omega}}+\boldsymbol{\omega}\times\boldsymbol{I}\boldsymbol{\omega}=\tau+\boldsymbol{M}(p)+d_2\end{cases}\tag{5.19}$$

设计姿轨联合控制律

$$\boldsymbol{u}=\begin{bmatrix}a\\ \tau\end{bmatrix}\in\mathbf{R}^4\tag{5.20}$$

使得系统存在外界干扰 d_1、d_2 的情况下,探测器在软着陆过程中与预定着陆点之间的相对位置为零,同时探测器本体坐标系与着陆点坐标系重合,三个轴的姿态角最终稳定到零,即满足 $\boldsymbol{r}\to 0$,$\boldsymbol{\Phi}\to 0$。

5.3.2 控制器设计

对于式(5.19)所述欠驱动控制系统,从以下四步设计鲁棒控制器。

第一步:考虑式(5.19)的第一个方程,即

$$\dot{r}=\boldsymbol{v}\tag{5.21}$$

定义

$$\boldsymbol{e}_r=\boldsymbol{r}-\boldsymbol{r}_{\mathrm{d}}\tag{5.22}$$

求导后

$$\dot{e}_r=\boldsymbol{v}-\dot{r}_{\mathrm{d}}=\boldsymbol{v}\tag{5.23}$$

将速度矢量看作虚拟控制,则设计虚拟镇定控制为

$$\boldsymbol{u}_v=\boldsymbol{v}_{\mathrm{c}}\tag{5.24}$$

$\boldsymbol{v}_{\mathrm{c}}$ 用一阶滤波器设计成如下形式:

$$\boldsymbol{\alpha}_v=\boldsymbol{\tau}_v\dot{v}_{\mathrm{c}}+\boldsymbol{v}_{\mathrm{c}},\boldsymbol{v}_{\mathrm{c}}(0)=\boldsymbol{\alpha}_v(0)\tag{5.25}$$

$\boldsymbol{\tau}_v>0$ 为滤波器时间常数,$\boldsymbol{\alpha}_v$ 构造为

$$\boldsymbol{\alpha}_v=-\boldsymbol{K}_r\boldsymbol{e}_r\tag{5.26}$$

其中,$\boldsymbol{K}_r$ 为待设计的对角正定矩阵。

第二步:考虑式(5.19)的第二个方程,即

$$\dot{v}+\boldsymbol{G}(\dot{p})+\boldsymbol{H}(p)+d_1=a\boldsymbol{N}(\boldsymbol{\Phi}) \tag{5.27}$$

定义滤波器估计误差

$$\boldsymbol{z}_v=\boldsymbol{v}_c-\boldsymbol{\alpha}_v \tag{5.28}$$

定义速度误差

$$\boldsymbol{e}_v=\boldsymbol{v}-\boldsymbol{u}_v \tag{5.29}$$

则有

$$\boldsymbol{e}_v=\boldsymbol{v}-\boldsymbol{v}_c=\boldsymbol{v}-z_v-\boldsymbol{\alpha}_v \tag{5.30}$$

然后以欧拉角向量 $\boldsymbol{\Phi}$ 视为虚拟控制，则设计虚拟控制为

$$u_{\Phi}=\boldsymbol{\Phi}_m+\boldsymbol{\Phi}_c \tag{5.31}$$

其中，$\boldsymbol{\Phi}_c$ 利用一阶滤波器设计成如下形式

$$\alpha_{\Phi}=\tau_{\Phi}\dot{\boldsymbol{\Phi}}_c+\boldsymbol{\Phi}_c,\boldsymbol{\Phi}_c(0)=\alpha_{\Phi}(0) \tag{5.32}$$

其中，$\tau_{\Phi}>0$，为滤波器时间常数，式(5.27)中的 $N(\boldsymbol{\Phi})$ 关于欧拉角向量 $\boldsymbol{\Phi}$ 是非线性函数，如果向量 $\boldsymbol{\Phi}$ 作为虚拟控制，将会涉及非仿射非线性系统的控制问题，很难对其进行设计，所以本书借助三角函数矢量分解技术计算 α_{Φ}。

首先定义滤波器估计误差 $z_{\Phi}=\boldsymbol{\Phi}_c-\alpha_{\Phi}$，姿态角误差项 $e_{\Phi}=\boldsymbol{\Phi}-u_{\Phi}$，则有

$$e_{\Phi}=\boldsymbol{\Phi}-\boldsymbol{\Phi}_m-\boldsymbol{\Phi}_c=\boldsymbol{\Phi}-\boldsymbol{\Phi}_m-z_{\Phi}-\alpha_{\Phi}$$

利用向量分解技术，式(5.27)中的耦合项 $a\boldsymbol{N}(\boldsymbol{\Phi})$ 可以分解为

$$a\boldsymbol{N}(\boldsymbol{\Phi})=a_c+a\boldsymbol{N}e_{\Phi}+a\boldsymbol{N}z_{\Phi} \tag{5.33}$$

其中，a_c 为等效虚拟控制加速度，可表示为

$$a_c a\boldsymbol{N}(\alpha_{\Phi}+\boldsymbol{\Phi}_m)=a\boldsymbol{N}(\alpha_{\psi_2}+\psi_{2m},\alpha_{\psi_3}+\psi_{3m}) \tag{5.34}$$

其中

$$\begin{aligned}\boldsymbol{N}&=\boldsymbol{N}(\alpha_{\Phi}+\boldsymbol{\Phi}_m,e_{\Phi}+z_{\Phi})\\&=\frac{1}{2}N_1(\alpha_{\Phi}+\boldsymbol{\Phi}_m,e_{\Phi}+z_{\Phi})N_2\\&=\frac{1}{2}N_1(\alpha_{\psi_2}+\psi_{2m},e_{\psi_2}+z_{\psi_2},\alpha_{\psi_3}+\psi_{3m},e_{\psi_3}+z_{\psi_3})N_2\end{aligned} \tag{5.35}$$

令 $\vartheta_1=\alpha_{\psi_2}+\psi_{2m},\vartheta_2=e_{\psi_2}+z_{\psi_2},\vartheta_3=\alpha_{\psi_3}+\psi_{3m},\vartheta_4=e_{\psi_3}+z_{\psi_3},\boldsymbol{N}_1(\vartheta_1,\vartheta_2,\vartheta_3,\vartheta_4)=\begin{bmatrix}A_{11}&A_{12}\\A_{21}&A_{22}\\A_{31}&A_{32}\end{bmatrix}$，$\boldsymbol{N}_2=\begin{bmatrix}0&1&1\\0&1&-1\end{bmatrix}$，则

$$A_{11}=\frac{\cos(\vartheta_2+\vartheta_4)-1}{\vartheta_2+\vartheta_4}\cos(\vartheta_1+\vartheta_3)-\frac{\sin(\vartheta_2+\vartheta_4)}{\vartheta_2+\vartheta_4}\sin(\vartheta_1+\vartheta_3)$$

$$A_{12}=\frac{\cos(\vartheta_2-\vartheta_4)-1}{\vartheta_2-\vartheta_4}\cos(\vartheta_1-\vartheta_3)-\frac{\sin(\vartheta_2-\vartheta_4)}{\vartheta_2-\vartheta_4}\sin(\vartheta_1-\vartheta_3)$$

$$A_{21}=\frac{\cos(\vartheta_2+\vartheta_4)-1}{\vartheta_2+\vartheta_4}\sin(\vartheta_1+\vartheta_3)+\frac{\sin(\vartheta_2+\vartheta_4)}{\vartheta_2+\vartheta_4}\cos(\vartheta_1+\vartheta_3)$$

$$A_{22}=\frac{\cos(\vartheta_2-\vartheta_4)-1}{\vartheta_2-\vartheta_4}\sin(\vartheta_1-\vartheta_3)-\frac{\sin(\vartheta_2-\vartheta_4)}{\vartheta_2-\vartheta_4}\cos(\vartheta_1-\vartheta_3)$$

$$A_{31}=-\frac{\cos\vartheta_2-1}{\vartheta_2}\sin\vartheta_1-\frac{\sin\vartheta_2}{\vartheta_2}\cos\vartheta_1$$

$$A_{32}=-\frac{\cos\vartheta_2-1}{\vartheta_2}\sin\vartheta_1-\frac{\sin\vartheta_2}{\vartheta_2}\cos\vartheta_1$$

为设计等效控制 a_c，构造李雅普诺夫函数为

$$V_2=\frac{c_p}{2}\boldsymbol{e}_p^{\mathrm{T}}\boldsymbol{e}_p+\frac{c_v}{2}\boldsymbol{e}_v^{\mathrm{T}}\boldsymbol{e}_v \tag{5.36}$$

求导后得

$$\begin{aligned}\dot{V}_2&=-c_p\boldsymbol{e}_p^{\mathrm{T}}\boldsymbol{K}_p\boldsymbol{e}_p+c_p\boldsymbol{e}_p^{\mathrm{T}}\boldsymbol{e}_v+c_p\boldsymbol{e}_p^{\mathrm{T}}\boldsymbol{z}_v+c_v\boldsymbol{e}_v^{\mathrm{T}}(\dot{v}-\dot{v}_{\mathrm{m}}-\dot{v}_{\mathrm{c}})\\&=-c_p\boldsymbol{e}_p^{\mathrm{T}}\boldsymbol{K}_p\boldsymbol{e}_p+c_p\boldsymbol{e}_p^{\mathrm{T}}\boldsymbol{z}_v+c_va\boldsymbol{e}_v^{\mathrm{T}}\boldsymbol{N}\boldsymbol{e}_\Phi+c_va\boldsymbol{e}_v^{\mathrm{T}}\boldsymbol{N}\boldsymbol{z}_\Phi+c_v\boldsymbol{e}_v^{\mathrm{T}}\left[\frac{c_p}{c_v}\boldsymbol{e}_p-\boldsymbol{G}(\dot{p})+\boldsymbol{H}(p)+\right.\\&\quad\left.\boldsymbol{a}_{\mathrm{c}}+d_1-\dot{v}_{\mathrm{m}}-\dot{v}_{\mathrm{c}}\right]\end{aligned} \tag{5.37}$$

因此，等效控制 $\boldsymbol{a}_{\mathrm{c}}$ 设计为

$$\boldsymbol{a}_{\mathrm{c}}=-\boldsymbol{K}_v\boldsymbol{e}_v-\frac{c_p}{c_v}\boldsymbol{e}_p+\boldsymbol{G}(\dot{p})-\boldsymbol{H}(p)+\dot{v}_{\mathrm{m}}+\dot{v}_{\mathrm{c}} \tag{5.38}$$

其次，设计控制加速度 a 和镇定项 α_{ψ_2}、α_{ψ_3}。

令

$$\boldsymbol{a}_{\mathrm{c}}=[a_{\mathrm{c}x}\quad a_{\mathrm{c}y}\quad a_{\mathrm{c}z}]^{\mathrm{T}} \tag{5.39}$$

则得到

$$a=\|\boldsymbol{a}_{\mathrm{c}}\|=\sqrt{a_{\mathrm{c}x}^2+a_{\mathrm{c}y}^2+a_{\mathrm{c}z}^2} \tag{5.40}$$

$$\alpha_{\psi_2}=-\sin^{-1}\left(\frac{a_{\mathrm{c}z}}{a}\right)-\psi_{2\mathrm{m}},\alpha_{\psi_3}=\tan^{-1}\left(\frac{a_{\mathrm{c}y}}{a_{\mathrm{c}x}}\right)-\psi_{3\mathrm{m}} \tag{5.41}$$

同时令

$$\boldsymbol{a}_{\mathrm{m}}=[a_{\mathrm{m}x}\quad a_{\mathrm{m}y}\quad a_{\mathrm{m}z}]^{\mathrm{T}}=\boldsymbol{a}_{\mathrm{m}}\boldsymbol{N}(\psi_{2\mathrm{m}},\psi_{3\mathrm{m}})=\boldsymbol{G}(v_{\mathrm{m}})+\boldsymbol{H}(p_{\mathrm{m}})+\dot{v}_{\mathrm{m}} \tag{5.42}$$

再次，设计控制加速度补偿项和镇定项 a_{m}、θ_{m} 和 φ_{m}。

$$a_{\mathrm{m}}=\|\boldsymbol{a}_{\mathrm{m}}\|,\psi_{2\mathrm{m}}=-\sin^{-1}\left(\frac{a_{\mathrm{m}z}}{a_{\mathrm{m}}}\right),\psi_{3\mathrm{m}}=\tan^{-1}\left(\frac{a_{\mathrm{m}y}}{a_{\mathrm{m}x}}\right) \tag{5.43}$$

将等效控制律 $\boldsymbol{a}_{\mathrm{c}}$ 代入方程中，可得

$$\dot{V}_2=-c_p\boldsymbol{e}_p^{\mathrm{T}}\boldsymbol{K}_p\boldsymbol{e}_p+c_p\boldsymbol{e}_p^{\mathrm{T}}\boldsymbol{z}_v+c_va\boldsymbol{e}_v^{\mathrm{T}}\boldsymbol{N}\boldsymbol{e}_\Phi+c_va\boldsymbol{e}_v^{\mathrm{T}}\boldsymbol{N}\boldsymbol{z}_\Phi-c_v\boldsymbol{e}_v^{\mathrm{T}}\boldsymbol{K}_v\boldsymbol{e}_v+c_v\boldsymbol{e}_v^{\mathrm{T}}\boldsymbol{a}_{\mathrm{d}} \tag{5.44}$$

由于姿态角 ψ_1 不存在于耦合项中，因此这里选取为

$$\alpha_{\psi_1}=\psi_{1\mathrm{c}}=\psi_{1\mathrm{m}}=0 \tag{5.45}$$

所以

$$\boldsymbol{z}_\Phi=\boldsymbol{\Phi}_{\mathrm{c}}-\boldsymbol{\alpha}_\Phi=[0\quad z_{\psi_2}\quad z_{\psi_3}]^{\mathrm{T}} \tag{5.46}$$

到此，式(5.33)的轨道控制律设计完成。

第三步：考虑式(5.19)的第三个方程，即

$$\dot{\boldsymbol{\Phi}}=f(\boldsymbol{\Phi})\cdot\boldsymbol{\omega}+g(\boldsymbol{\Phi}) \tag{5.47}$$

将姿态角速度 ω 视为虚拟控制，同样构造为补偿项 $\boldsymbol{\omega}_{\mathrm{m}}$ 和镇定项估计值 $\boldsymbol{\omega}_{\mathrm{c}}$ 的组合

$$\boldsymbol{u}_{\omega}=\boldsymbol{\omega}_{\mathrm{m}}+\boldsymbol{\omega}_{\mathrm{c}} \tag{5.48}$$

其中，镇定项估计值由镇定项经过下列一阶滤波器得到：

$$\boldsymbol{\alpha}_{\omega}=\tau_{\omega}\dot{\omega}_{\mathrm{c}}+\boldsymbol{\omega}_{\mathrm{c}},\boldsymbol{\omega}_{\mathrm{c}}(0)=\boldsymbol{\alpha}_{\omega}(0) \tag{5.49}$$

其中，$\tau_{\omega}>0$，为滤波器时间常数。定义滤波器估计误差 $z_{\omega}=\boldsymbol{\omega}_{\mathrm{c}}-\boldsymbol{\alpha}_{\omega}$，误差项 $\boldsymbol{e}_{\omega}=\boldsymbol{\omega}-\boldsymbol{u}_{\omega}$，则有

$$\boldsymbol{e}_{\omega}=\boldsymbol{\omega}-\boldsymbol{\omega}_{\mathrm{m}}-\boldsymbol{\omega}_{\mathrm{c}}=\boldsymbol{\omega}-\boldsymbol{\omega}_{\mathrm{m}}-z_{\omega}-\boldsymbol{\alpha}_{\omega}$$

构造第二个李雅普诺夫函数为

$$\boldsymbol{V}_3=\boldsymbol{V}_2+\frac{\boldsymbol{c}_{\Phi}}{2}\boldsymbol{e}_{\Phi}^{\mathrm{T}}\boldsymbol{e}_{\Phi} \tag{5.50}$$

求导后，得到

$$\begin{aligned}\dot{V}_3&=\dot{V}_2+\boldsymbol{c}_{\Phi}\boldsymbol{e}_{\Phi}^{\mathrm{T}}\dot{e}_{\Phi}\\&=\dot{V}_2+\boldsymbol{c}_{\Phi}\boldsymbol{e}_{\Phi}^{\mathrm{T}}(\dot{\boldsymbol{\Phi}}-\dot{\boldsymbol{\Phi}}_{\mathrm{m}}-\dot{\boldsymbol{\Phi}}_{\mathrm{c}})\\&=\dot{V}_2+\boldsymbol{c}_{\Phi}\boldsymbol{e}_{\Phi}^{\mathrm{T}}[f(\boldsymbol{\Phi})\cdot\boldsymbol{\omega}_{\mathrm{c}}+g(\boldsymbol{\Phi})-\dot{\boldsymbol{\Phi}}_{\mathrm{m}}-\dot{\boldsymbol{\Phi}}_{\mathrm{c}}]\\&=-\boldsymbol{c}_p\boldsymbol{e}_p^{\mathrm{T}}\boldsymbol{K}_p\boldsymbol{e}_p+\boldsymbol{c}_p\boldsymbol{e}_p^{\mathrm{T}}z_v+\boldsymbol{c}_v\boldsymbol{a}\boldsymbol{e}_v^{\mathrm{T}}\boldsymbol{N}\boldsymbol{e}_{\Phi}+\boldsymbol{c}_v\boldsymbol{a}\boldsymbol{e}_v^{\mathrm{T}}\boldsymbol{N}\boldsymbol{z}_{\Phi}+\boldsymbol{c}_v\boldsymbol{e}_v^{\mathrm{T}}\boldsymbol{K}_v\boldsymbol{e}_v+\boldsymbol{c}_{\Phi}\boldsymbol{e}_{\Phi}^{\mathrm{T}}[f(\boldsymbol{\Phi})\cdot\boldsymbol{\omega}_{\mathrm{c}}+g(\boldsymbol{\Phi})-\dot{\boldsymbol{\Phi}}_{\mathrm{m}}-\dot{\boldsymbol{\Phi}}_{\mathrm{c}}]\\&=-\boldsymbol{c}_p\boldsymbol{e}_p^{\mathrm{T}}\boldsymbol{K}_p\boldsymbol{e}_p+\boldsymbol{c}_p\boldsymbol{e}_p^{\mathrm{T}}z_v+\boldsymbol{c}_v\boldsymbol{a}\boldsymbol{e}_v^{\mathrm{T}}\boldsymbol{N}\boldsymbol{e}_v+\boldsymbol{c}_v\boldsymbol{a}\boldsymbol{e}_v^{\mathrm{T}}\boldsymbol{N}\boldsymbol{z}_{\Phi}+\boldsymbol{c}_{\Phi}\boldsymbol{e}_{\Phi}^{\mathrm{T}}\left[\boldsymbol{\alpha}_{\omega}+\frac{\boldsymbol{c}_v}{\boldsymbol{c}_{\Phi}}\boldsymbol{a}\boldsymbol{N}^{\mathrm{T}}\boldsymbol{e}_v-\dot{\boldsymbol{\Phi}}_{\mathrm{c}}+\boldsymbol{\omega}_{\mathrm{m}}-\boldsymbol{N}(\boldsymbol{\Phi})-\dot{\boldsymbol{\Phi}}_{\mathrm{m}}+\boldsymbol{e}_{\omega}+\boldsymbol{z}_{\omega}\right]\end{aligned} \tag{5.51}$$

所以分别设计两个控制项为

$$\boldsymbol{\omega}_{\mathrm{m}}=g(\boldsymbol{\Phi})+\dot{\boldsymbol{\Phi}}_{\mathrm{m}} \tag{5.52}$$

$$\boldsymbol{\alpha}_{\omega}=-\boldsymbol{K}_{\Phi}\boldsymbol{e}_{\Phi}-\frac{\boldsymbol{c}_v}{\boldsymbol{c}_{\Phi}}\boldsymbol{a}\boldsymbol{G}^{\mathrm{T}}\boldsymbol{e}_v+\dot{\boldsymbol{\Phi}}_{\mathrm{c}} \tag{5.53}$$

第四步：考虑式(5.19)的第四个方程，即

$$\boldsymbol{I}\dot{\omega}+\boldsymbol{\omega}\times\boldsymbol{I}\boldsymbol{\omega}=\tau+\boldsymbol{M}(p)+\boldsymbol{d}_2 \tag{5.54}$$

定义

$$\boldsymbol{x}=[\boldsymbol{e}_p^{\mathrm{T}}\quad\boldsymbol{e}_v^{\mathrm{T}}\quad\boldsymbol{e}_{\Phi}^{\mathrm{T}}\quad\boldsymbol{e}_{\omega}^{\mathrm{T}}]^{\mathrm{T}}\in\mathbf{R}^{12} \tag{5.55}$$

构造第三个李雅普诺夫函数

$$\boldsymbol{V}_4=\boldsymbol{V}_3+\frac{\boldsymbol{c}_{\omega}}{2}\boldsymbol{e}_{\omega}^{\mathrm{T}}\boldsymbol{I}\boldsymbol{e}_{\omega} \tag{5.56}$$

求导后，将式(5.19)、V_3 和 $\boldsymbol{e}_{\omega}$ 代入，得到

$$\begin{aligned}\dot{V}_4&=\dot{V}_3+\boldsymbol{c}_{\omega}\boldsymbol{e}_{\omega}^{\mathrm{T}}\dot{e}_{\omega}\\&=\dot{V}_3+\boldsymbol{c}_{\omega}\boldsymbol{e}_{\omega}^{\mathrm{T}}[-\boldsymbol{\omega}\times\boldsymbol{I}\boldsymbol{\omega}+\tau+\boldsymbol{M}(p)+\boldsymbol{d}_2-\boldsymbol{u}_{\omega}]\\&=-\boldsymbol{c}_p\boldsymbol{e}_p^{\mathrm{T}}\boldsymbol{K}_p\boldsymbol{e}_p-\boldsymbol{c}_v\boldsymbol{e}_v^{\mathrm{T}}\boldsymbol{K}_v\boldsymbol{e}_v-\boldsymbol{c}_{\Phi}\boldsymbol{e}_{\Phi}^{\mathrm{T}}K_{\Phi}\boldsymbol{e}_{\Phi}+\boldsymbol{c}_{\omega}\boldsymbol{e}_{\omega}^{\mathrm{T}}\left[-\boldsymbol{\omega}\times\boldsymbol{I}\boldsymbol{\omega}+\tau+\boldsymbol{M}(p)+\boldsymbol{d}_2+\frac{\boldsymbol{c}_{\Phi}}{\boldsymbol{c}_{\omega}}\boldsymbol{e}_{\Phi}\right]+\boldsymbol{c}_p\boldsymbol{e}_p^{\mathrm{T}}z_v+\\&\quad\boldsymbol{c}_v\boldsymbol{a}\boldsymbol{e}_v^{\mathrm{T}}Gz_{\Phi}+\boldsymbol{c}_{\Phi}\boldsymbol{e}_{\Phi}^{\mathrm{T}}\boldsymbol{G}z_{\omega}+\boldsymbol{c}_v(\boldsymbol{e}_v^{\mathrm{T}}\boldsymbol{d}_2+\boldsymbol{e}_v^{\mathrm{T}}\boldsymbol{e}_v)\end{aligned} \tag{5.57}$$

设计控制力矩为如下形式：

$$\boldsymbol{\tau}=\boldsymbol{\omega}\times\boldsymbol{I}\boldsymbol{\omega}-\boldsymbol{M}(p)-\frac{\boldsymbol{c}_{\Phi}}{\boldsymbol{c}_{\omega}}\boldsymbol{e}_{\Phi}-\boldsymbol{K}_{\omega}\boldsymbol{e}_{\omega} \tag{5.58}$$

5.3.3　稳定性证明

定理 5.2　针对欠驱动姿轨耦合动力学系统(5.19)，并考虑假设 5.1 和假设 5.2，如果增益矩阵 $\boldsymbol{K}_{\mathrm{p}}$、$\boldsymbol{K}_{\mathrm{v}}$、$\boldsymbol{K}_{\Phi}$ 满足下列条件

$$\boldsymbol{K}_{\mathrm{p}}>\frac{I}{2c_{\mathrm{p}}},\boldsymbol{K}_{\mathrm{v}}>\frac{I}{2c_{\mathrm{V}}},\boldsymbol{K}_{\Phi}>\frac{I}{2c_{\Phi}}$$

并且滤波时间常数选择为

$$\frac{1}{\boldsymbol{\tau}_{\mathrm{v}}}>1,\frac{1}{\boldsymbol{\tau}_{\Phi}}>\frac{F_{5\max}^{2}}{2}+\frac{1}{2},\frac{1}{\boldsymbol{\tau}_{\omega}}>\frac{F_{4\max}^{2}}{2}+\frac{1}{2}$$

则系统在控制律式(5.24)、式(5.31)、式(5.48)、式(5.58)和滤波器式(5.25)、式(5.32)、式(5.49)作用下，能够使得从集合 F_{r} 出发的系统状态最终一致有界，并且可以通过调整控制参数使界任意小。

证明：由前面的公式，可以得到位置误差信号为

$$\dot{e}_{\mathrm{p}}=-\boldsymbol{K}_{\mathrm{p}}\boldsymbol{e}_{\mathrm{p}}+\boldsymbol{e}_{\mathrm{v}}+\boldsymbol{z}_{\mathrm{v}} \tag{5.59}$$

速度误差信号为

$$\dot{e}_{\mathrm{v}}=-\boldsymbol{K}_{\mathrm{v}}\boldsymbol{e}_{\mathrm{v}}-\frac{\boldsymbol{c}_{\mathrm{p}}}{\boldsymbol{c}_{\mathrm{v}}}\boldsymbol{e}_{\mathrm{p}}-\boldsymbol{G}(\boldsymbol{\omega})\boldsymbol{e}_{\mathrm{v}}+\boldsymbol{a}\boldsymbol{N}\boldsymbol{e}_{\Phi}+\boldsymbol{a}\boldsymbol{N}\boldsymbol{e}_{\Phi}+\boldsymbol{d}_{1} \tag{5.60}$$

姿态角误差信号为

$$\dot{e}_{\Phi}=-\boldsymbol{K}_{\Phi}\boldsymbol{e}_{\Phi}-\frac{\boldsymbol{c}_{\mathrm{v}}}{\boldsymbol{c}_{\Phi}}\boldsymbol{a}\boldsymbol{N}^{\mathrm{T}}\boldsymbol{e}_{\mathrm{v}}+\boldsymbol{e}_{\omega}+\boldsymbol{z}_{\omega} \tag{5.61}$$

姿态角速度误差信号为

$$\boldsymbol{I}\cdot\dot{e}_{\omega}=-\boldsymbol{K}_{\omega}\dot{e}_{\omega}-\frac{\boldsymbol{c}_{\Phi}}{\boldsymbol{c}_{\omega}}\boldsymbol{e}_{\Phi}+\boldsymbol{d}_{2} \tag{5.62}$$

定义 $\boldsymbol{z}=[z_{\mathrm{v}}\quad z_{\Phi}\quad z_{\omega}]^{\mathrm{T}}$，则

$$\dot{z}=-\boldsymbol{K}_{z}\boldsymbol{z}-\dot{\alpha} \tag{5.63}$$

其中，$\boldsymbol{K}_{z}=\mathrm{diag}\left\{\dfrac{1}{\boldsymbol{\tau}_{\mathrm{v}},\dfrac{1}{\boldsymbol{\tau}_{\Phi}},\dfrac{1}{\boldsymbol{\tau}_{\omega}}}\right\}\cdot\boldsymbol{I}$。

定义整个系统李雅普诺夫函数为

$$\boldsymbol{V}=\boldsymbol{W}+\frac{1}{2}z^{\mathrm{T}}z \tag{5.64}$$

求导，并将式(5.57)和式(5.63)代入得到

$$\begin{aligned}\dot{V}&=\dot{V}_{4}+z^{\mathrm{T}}\dot{z}\\&=-\boldsymbol{c}_{\mathrm{p}}\boldsymbol{e}_{\mathrm{p}}^{\mathrm{T}}\boldsymbol{K}_{\mathrm{p}}\boldsymbol{e}_{\mathrm{p}}-c_{\mathrm{v}}\boldsymbol{e}_{\mathrm{v}}^{\mathrm{T}}\boldsymbol{K}_{\mathrm{v}}\boldsymbol{e}_{\mathrm{v}}-c_{\Phi}\boldsymbol{e}_{\Phi}^{\mathrm{T}}\boldsymbol{K}_{\Phi}\boldsymbol{e}_{\Phi}-c_{\omega}\boldsymbol{e}_{\omega}^{\mathrm{T}}\boldsymbol{K}_{\omega}\boldsymbol{e}_{\omega}+c_{\mathrm{p}}\boldsymbol{e}_{\mathrm{p}}^{\mathrm{T}}z_{\mathrm{v}}+c_{\mathrm{v}}\boldsymbol{a}\boldsymbol{e}_{\mathrm{v}}^{\mathrm{T}}\boldsymbol{N}\boldsymbol{z}_{\Phi}+c_{\Phi}\boldsymbol{e}_{\Phi}^{\mathrm{T}}\boldsymbol{N}\boldsymbol{z}_{\omega}+\\&\quad c_{\mathrm{v}}(\boldsymbol{e}_{\mathrm{v}}^{\mathrm{T}}\boldsymbol{d}_{1}-\boldsymbol{e}_{\mathrm{v}}^{\mathrm{T}}\boldsymbol{e}_{\mathrm{v}})+c_{\omega}(\boldsymbol{e}_{\omega}^{\mathrm{T}}\boldsymbol{d}_{2}-\boldsymbol{e}_{\omega}^{\mathrm{T}}\boldsymbol{e}_{\omega})+z^{\mathrm{T}}(-\boldsymbol{K}_{z}z-\dot{\alpha})\end{aligned} \tag{5.65}$$

注意到

$$e_{\mathrm{v}}^{\mathrm{T}}d_1-e_{\mathrm{v}}^{\mathrm{T}}e_{\mathrm{v}}=\|d_1\|^2-\|d_1-e_{\mathrm{v}}\|^2,e_{\omega}^{\mathrm{T}}d_2-e_{\omega}^{\mathrm{T}}e_{\omega}=\|d_2\|^2-\|d_2-e_{\omega}\|^2$$

则式(5.56)可变为

$$\begin{aligned}\dot{V}\leqslant&-c_{\mathrm{p}}e_{\mathrm{p}}^{\mathrm{T}}K_{\mathrm{p}}e_{\mathrm{p}}-c_{\mathrm{v}}e_{\mathrm{v}}^{\mathrm{T}}K_{\mathrm{v}}e_{\mathrm{v}}-c_{\Phi}e_{\Phi}^{\mathrm{T}}K_{\Phi}e_{\Phi}-c_{\omega}e_{\omega}^{\mathrm{T}}K_{\omega}e_{\omega}-z^{\mathrm{T}}K_zz-z^{\mathrm{T}}\dot{\alpha}+c_{\mathrm{p}}e_{\mathrm{p}}^{\mathrm{T}}z_{\mathrm{v}}+c_{\mathrm{v}}ae_{\mathrm{v}}^{\mathrm{T}}Gz_{\Phi}+c_{\Phi}e_{\Phi}^{\mathrm{T}}Nz_{\omega}+\\&c_{\mathrm{v}}\|d_1\|^2+c_{\omega}\|d_2\|^2\end{aligned}\tag{5.66}$$

因为存在下列关系

$$\alpha_{\mathrm{v}}=Y(e_{\mathrm{v}}),\alpha_{\Phi}=Y(e_{\mathrm{p}},e_{\mathrm{v}},z_{\mathrm{v}},t),\alpha_{\omega}=Y(e_{\mathrm{p}},e_{\mathrm{v}},e_{\Phi},z_{\mathrm{v}},z_{\Phi},t)$$

所以可得到

$$\dot{\alpha}_{\mathrm{v}}=\frac{\partial\alpha_{\mathrm{v}}^{\mathrm{T}}}{\partial e_{\mathrm{p}}}\cdot\frac{\partial e_{\mathrm{p}}}{\partial t}$$

$$\dot{\alpha}_{\Phi}=\frac{\partial\alpha_{\Phi}^{\mathrm{T}}}{\partial e_{\mathrm{p}}}\cdot\frac{\partial e_{\mathrm{p}}}{\partial t}+\frac{\partial\alpha_{\Phi}^{\mathrm{T}}}{\partial e_{\mathrm{v}}}\cdot\frac{\partial e_{\mathrm{v}}}{\partial t}+\frac{\partial\alpha_{\Phi}^{\mathrm{T}}}{\partial z_{\mathrm{v}}}\cdot\frac{\partial z_{\mathrm{v}}}{\partial t}+\frac{\partial\alpha_{\Phi}}{\partial t}$$

$$\dot{\alpha}_{\Phi}=\frac{\partial\alpha_{\omega}^{\mathrm{T}}}{\partial e_{\mathrm{p}}}\cdot\frac{\partial e_{\mathrm{p}}}{\partial t}+\frac{\partial\alpha_{\omega}^{\mathrm{T}}}{\partial e_{\mathrm{v}}}\cdot\frac{\partial e_{\mathrm{v}}}{\partial t}+\frac{\partial\alpha_{\omega}^{\mathrm{T}}}{\partial z_{\mathrm{v}}}\cdot\frac{\partial z_{\mathrm{v}}}{\partial t}+\frac{\partial\alpha_{\omega}^{\mathrm{T}}}{\partial z_{\Phi}}\cdot\frac{\partial z_{\Phi}}{\partial t}+\frac{\partial\alpha_{\omega}}{\partial t}$$

进一步,根据外界扰动有界的特点可以得到存在连续函数满足如下关系

$$\|\dot{\alpha}_{\mathrm{v}}\|\leqslant F_1(e_{\mathrm{p}},e_{\mathrm{v}},z_{\mathrm{v}})$$

$$\|\dot{\alpha}_{\Phi}\|\leqslant F_2(e_{\mathrm{p}},e_{\mathrm{v}},e_{\Phi},z_{\mathrm{v}},z_{\Phi})$$

$$\|\dot{\alpha}_{\omega}\|\leqslant F_3(e_{\mathrm{p}},e_{\mathrm{v}},e_{\Phi},e_{\omega},z_{\mathrm{v}},z_{\Phi},z_{\omega})$$

$$\|G\|\leqslant F_4(e_{\mathrm{p}},e_{\mathrm{v}},e_{\Phi},z_{\mathrm{v}})$$

$$\|a\|\leqslant F_5(e_{\mathrm{p}},e_{\mathrm{v}},e_{\Phi},z_{\mathrm{v}})$$

此时对于给定的紧集 $F_{\mathrm{r}}=\{(x,z):V(x,z)\leqslant r\}$,连续函数 $F_j(j=1,\cdots,5)$ 在紧集 F_{r} 内一定存在最大值满足

$$\|\dot{\alpha}_{\mathrm{v}}\|\leqslant F_{1\max},\|\dot{\alpha}_{\Phi}\|\leqslant F_{2\max},\|\dot{\alpha}_{\omega}\|\leqslant F_{3\max},\|N\|\leqslant F_{4\max},\|a\|\leqslant F_{5\max}$$

满足如下关系式的情况下

$$e_{\Phi}^{\mathrm{T}}Nz_{\omega}\leqslant\frac{1}{2}e_{\Phi}^{\mathrm{T}}e_{\Phi}+\frac{F_{3\max}^2}{2}z_{\omega}^{\mathrm{T}}z_{\omega}$$

$$e_{\mathrm{p}}^{\mathrm{T}}z_{\mathrm{v}}\leqslant\frac{1}{2}e_{\mathrm{p}}^{\mathrm{T}}e_{\mathrm{p}}+\frac{1}{2}z_{\mathrm{v}}^{\mathrm{T}}z_{\mathrm{v}}$$

$$ae_{\mathrm{v}}^{\mathrm{T}}Nz_{\Phi}\leqslant\frac{1}{2}e_{\mathrm{v}}^{\mathrm{T}}e_{\mathrm{v}}+\frac{F_{4\max}^2}{2}z_{\Phi}^{\mathrm{T}}z_{\Phi}$$

$$z^{\mathrm{T}}\dot{\alpha}\leqslant\frac{1}{2}z^{\mathrm{T}}z+F_{1\max}^2+F_{2\max}^2+F_{3\max}^2$$

式(5.66)可转换为

$$\begin{aligned}\dot{V}\leqslant&-e_{\mathrm{p}}^{\mathrm{T}}\left(c_{\mathrm{p}}K_{\mathrm{p}}-\frac{I}{2}\right)e_{\mathrm{p}}-e_{\mathrm{v}}^{\mathrm{T}}\left(c_{\mathrm{v}}K_{\mathrm{v}}-\frac{I}{2}\right)e_{\mathrm{v}}-e_{\Phi}^{\mathrm{T}}\left(c_{\Phi}K_{\Phi}-\frac{I}{2}\right)e_{\Phi}-c_{\omega}e_{\omega}^{\mathrm{T}}K_{\omega}e_{\omega}-z^{\mathrm{T}}K_z'z+c_{\mathrm{v}}D_1^2+c_{\omega}D_2^3+\\&F_{1\max}^2+F_{2\max}^2+F_{3\max}^2\\\leqslant&-kV+\varepsilon\end{aligned}\tag{5.67}$$

其中,

$$K_z'=\mathrm{diag}\left\{\frac{1}{\tau_v}-1,\frac{1}{\tau_\Phi}-\frac{F_{5\max}^2}{2}-\frac{1}{2},\frac{1}{\tau_\omega}-\frac{F_{4\max}^2}{2}-\frac{1}{2}\right\}$$

$$k=\frac{1}{k_{\max}}\mathrm{diag}\left\{c_pK_p-\frac{I}{2},c_vK_v-\frac{I}{2},c_\Phi K_\Phi-\frac{I}{2},c_\omega K_\omega,K_z'\right\}$$

$$\varepsilon=c_vD_1^2+c_\omega D_2^2+F_{1\max}^2+F_{2\max}^2+F_{3\max}^2$$

求解方程(5.67),可以得到

$$V\leqslant\frac{\varepsilon}{k}+\left[V(0)-\frac{\varepsilon}{k}\right]e^{-kt} \tag{5.68}$$

式(5.68)表明系统状态 x 和滤波器估计误差最终是一致有界的,并且可以通过调整控制参数 k 使得最终的界变得任意小。

5.4 本章小结

本章基于第2章中建立的两种姿轨耦合动力学模型,研究了探测器下降着陆到小天体表面过程中的鲁棒姿轨联合控制律的设计问题。首先,假设执行机构配置方案保证有足够的控制维数提供相对位姿变化所需要的控制力和控制力矩,基于反演控制思想,设计六自由度鲁棒自适应模糊控制策略,保证探测器到达期望着陆点并使下降速度为零,通过仿真验证了所提出控制算法的有效性。其次,以欠驱动姿轨耦合动力学模型为对象,基于滤波器和反演方法,并应用三角函数处理控制器设计中存在的非线性问题,设计鲁棒姿轨联合控制律,并利用李雅普诺夫理论分析了闭环系统稳定性。

第6章　基于反馈线性化的直流微电网母线电压滑模控制

将具有负阻抗特性的恒功率负载和分布式电源通过变流器集成到直流微电网中，容易产生振荡，造成系统稳定性问题。基于反馈线性化理论，研究了一种用于双向DC/DC变换器直流母线电压控制系统的滑模控制器，用于快速跟踪直流微电网中的功率干扰，对系统参数变化和外部干扰具有良好的鲁棒性。利用Matlab/Simulink建立了1 kW和5 kW外部恒功率负荷下直流微电网的仿真模型，仿真结果表明，所提出的控制策略在孤岛和并网工况下都能保证直流微电网的稳定性。

6.1　引　言

直流微电网是一种集光伏发电、风力发电、燃料电池和储能装置、负载和控制单元等分布式能源为一体的新型电网。该电网的应用可以提高可再生能源的利用效率和公共电网的安全性及可靠性，被认为是电力系统未来发展的重要解决方案。直流微电网通过直流母线连接微源，输电过程中不考虑电压相位和频率，不考虑涡流损耗和无功补偿。它可以避免交流传输中的许多问题，设计简单，成本低。这些问题对未来的家庭、建筑和现代电力电子都有负面影响。在智能电网发展的浪潮中，主电源结构具有广阔的发展前景。但由于分布式电源、蓄电池、电动汽车等负载通过DC/DC变流器接入直流微电网，具有明显的恒定功率负载特性，构成多变流器接入环境，导致直流微电网系统具有典型的非线性特性，因此在受到扰动时，系统的稳定性不会得到满足。

近年来，越来越多的非线性控制方法被应用到直流微电网的稳定控制中。有学者提出了一种基于大信号建模理论的高阶滑模控制方法，在实现母线电压稳定的同时，有效抑制了变结构控制中的抖振问题。但该方法不容易获得不确定性的边界，且对模型依赖性强，不能广泛应用于工程中。有学者将滤波器与滞后方法相结合，对负载和功率波动具有较强的鲁棒性。也有学者在双向直流变换器中结合了精确反馈线性化和反步滑模控制，保证了系统在不确定性和外界干扰下的鲁棒性和稳定性。本书建立了直流微电网的数学模型。针对双向DC/DC变换器的参数变化和负载变化干扰，设计了基于线性化反馈理论的滑模控制器，以保证外部干扰下直流母线电压和系统稳定性。最后，通过数值仿真验证了所提出控制策略的可行性。

6.2 直流微电网的结构与模型描述

本章以光伏直流微电网系统为研究对象,其结构如图 6.1 所示。光伏单元通过 DC/DC 变换器连接到直流母线上。根据负荷的运行情况,通常采用最大功率跟踪或下垂控制,可以很好地利用可再生能源。蓄电池通过双向 DC/DC 变换器连接到直流母线上,采用恒压控制或垂度控制,以保持系统功率和能量的平衡。直流负载通过 DC/DC 变换器连接到直流母线上,构成恒定的功率负载特性。当直接连接到母线电压时,它是显阻性的。三相电压源双向 DC/AC 变换器作为直流母线与交流网络的接口,实现直流微电网的并网与离网切换。

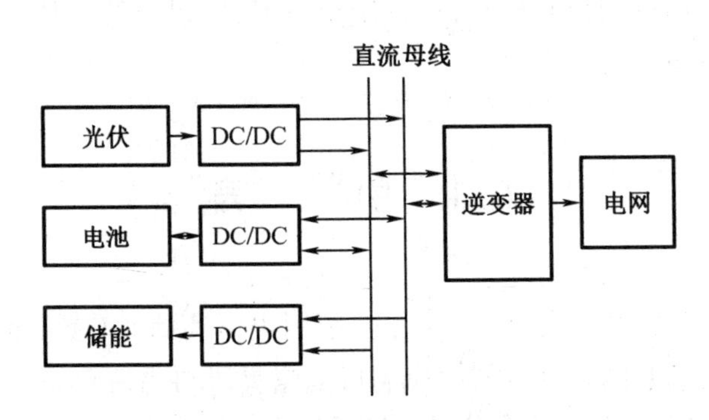

图 6.1　直流微电网结构图

本章假设微电网系统工作在离网状态,电池作为系统电源,光伏单元采用最大功率跟踪控制,DC/DC 变换器作为恒电源。在保持通用性的前提下,对直流微电网系统结构图进行简化,如图 6.2 所示。图中,C 为直流母线电容,L 为直流侧储能电感,R 为直接直流母线的负载,P_{CPL} 为等效恒功率负载功率,包括对应变换器连接到直流母线的交直流负载、分布式电源的输出和恒功率控制下 DC/AC 变换器的输出功率之和。U_s 和 i_L 分别为电池电压和输出电流,U_{dc} 为直流母线电压,i_o 为等效负载电流。当 V_1 和 VD2 打开时,转换器工作在 Boost 模式;当 V_2 和 VD1 开启时,转换器工作在 Buck 模式。两组设备交替工作完成电池充放电,本章以第一种情况为例进行分析。

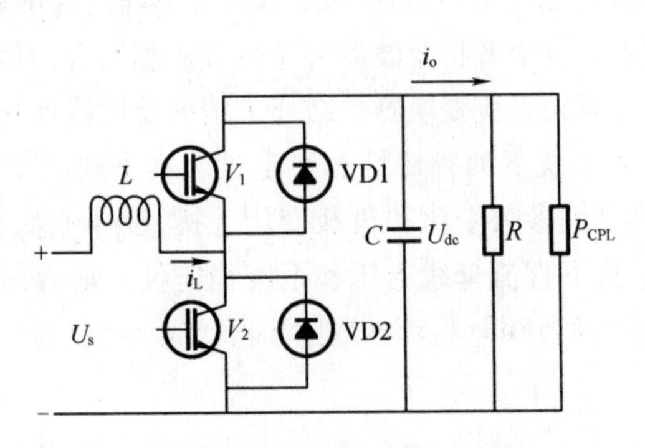

图 6.2　直流微电网系统等效电路图

以直流母线电压和直流电感电流为变量,建立了系统的动态数学模型。

$$\begin{cases} C\dfrac{\mathrm{d}U_{\mathrm{dc}}(t)}{\mathrm{d}t}=i_{\mathrm{L}}(t)-i_{\mathrm{o}} \\ i_{\mathrm{o}}=\dfrac{U_{\mathrm{dc}}}{R}+\dfrac{P_{\mathrm{CPL}}}{U_{\mathrm{dc}}} \\ L\dfrac{\mathrm{d}i_{\mathrm{L}}(t)}{\mathrm{d}t}=U_{\mathrm{s}}-U_{\mathrm{dc}} \end{cases} \tag{6.1}$$

由于存在恒定的功率负载,故这是一个典型的非线性系统。定义状态变量 $x_1=U_{\mathrm{dc}}$, $\dot{x}_1=x_2$,式(6.1)可转换为标准形式,即

$$\begin{cases} \dot{x}_1=x_2 \\ \dot{x}_2=f(x_1,x_2)+g(x_1,x_2)u+\Delta \\ y=x_2 \end{cases} \tag{6.2}$$

其中,$f(x_1,x_2)=\dfrac{x_1}{CL}+\dfrac{x_2}{CR}+\dfrac{P_{\mathrm{CPL}}x_2}{Cx_1^2}$;$g(x_1,x_2)=\dfrac{U_{\mathrm{s}}}{CL}$,是系统非线性部分;$\Delta$ 是 DC/DC 变换器系统中由于滤波电感和电容的老化及负载随时间的变化而引起的误差和干扰。假设,$|\Delta|\leqslant D$,y 表示直流母线电压为系统输出。

6.3　基于反馈线性化的直流微电网母线电压滑模控制

直流微电网系统的数学模型具有典型的非线性,受滤波电感、电容老化、负载随时间变化等不确定性和扰动的影响。针对上述问题,应用了反馈线性化和滑模变结构控制理论。通过对非线性 MIMO 反馈的线性化,实现了系统的解耦线性化。在此基础上,采用滑模变结构控制设计了母线电压跟踪控制器,保证了系统的鲁棒性。

定义系统跟踪误差为

$$e=x_1-x_{1\mathrm{d}}$$

取滑模面函数为

$$s(x_1,x_2)=ce+\dot{e}\ ,c>0 \tag{6.3}$$

根据线性化反馈理论,滑模控制律设计如下:

$$u=\frac{v-f(x_1,x_2)}{g(x_1,x_2)} \tag{6.4}$$

其中,

$$v=\ddot{x}_{1\mathrm{d}}-c\dot{e}-\eta\,\mathrm{sgn}(s)\ ,\eta>D$$

将李雅普诺夫函数定义为

$$v=\frac{1}{2}s^2 \tag{6.5}$$

那么

$$\begin{aligned}\dot{V}&=s\dot{s}\\&=s(\ddot{e}+c\dot{e})\\&=s(\ddot{x}_1-\ddot{x}_{1d}+c\dot{e})\\&=s[f(x_1,x_2)+g(x_1,x_2)u+\Delta-\ddot{x}_{1d}+c\dot{e}]\end{aligned}$$

将控制律(6.3)代入上式,可以得出以下结论:

$$\begin{aligned}\dot{V}&=s(v+\Delta-\ddot{x}_{1d}+c\dot{e})\\&=s[\ddot{x}_{1d}-c\dot{e}-\mu\operatorname{sgn}(s)+\Delta-\ddot{x}_{1d}+c\dot{e}]\\&=s[-\mu\operatorname{sgn}(s)+\Delta]\\&=\eta|s|+\Delta s\leqslant 0\end{aligned}$$

可以看出,当且仅当滑模面函数 $s=0$ 时,滑模面函数 s 满足到达条件并渐近收敛到零。也就是说,系统状态 x_1 可以在控制律(6.4)下跟踪期望值。

为了消除控制器的抖振现象,用下面的饱和函数 $\theta(s)$ 代替符号函数 $\operatorname{sgn}(s)$,有

$$\theta(s)=\frac{s}{|s|+\delta},\delta=\delta_0+\delta_1|e|$$

6.4 仿真分析

为了验证本书提出的基于线性化反馈的滑模控制器在直流微电网系统中的有效性,在 Matlab 中搭建仿真电路进行仿真研究,如图6.3所示。DC/DC 变换器电路参数如表6.1所示。

表6.1 DC/DC 变换器的电路参数

电路参数	数值
直流母线电压参考值(U_{dc}^*)/V	400
直流母线电压初始值($U_{dc}(0)$)/V	399
电池标称电压(U_s)/V	300
直流母线电容(C)/μF	3 000
直流侧储能电感(L)/mH	3
直接连接到直流母线的负载(R)/Ω	100
等效恒功率负载功率(P_{CPL})/kW	4

滤波器电感和电容老化及负载随时间变化引起的误差和干扰用正弦函数表示,即 $\Delta=10\sin(t)$,$D=15$。采用滑模控制律(6.4),选择控制器参数如下:$c=30$,$\eta=D+0.1$,$\delta_0=0.03$,$\delta_1=5$。

图6.4为外接恒功率负载功率 $P_{CPL}=1$ kW 时直流微电网系统母线电压随时间变化的趋势曲线,图6.5为该功率下的电感电流曲线。图6.6为外接恒功率负载功率 $P_{CPL}=5$ kW 时直流微电网系统母线电压随时间变化的趋势曲线,图6.7为该功率下的电感电流曲线。

在图 6.4 和图 6.6 中，U_{dc1} 是 PI 控制器下的母线电压曲线，U_{dc2} 是基于线性化反馈的滑模控制下的母线电压曲线。

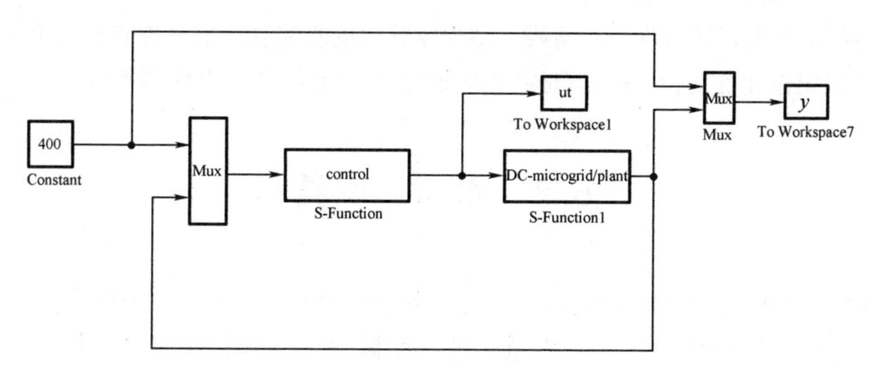

图 6.3　系统仿真图

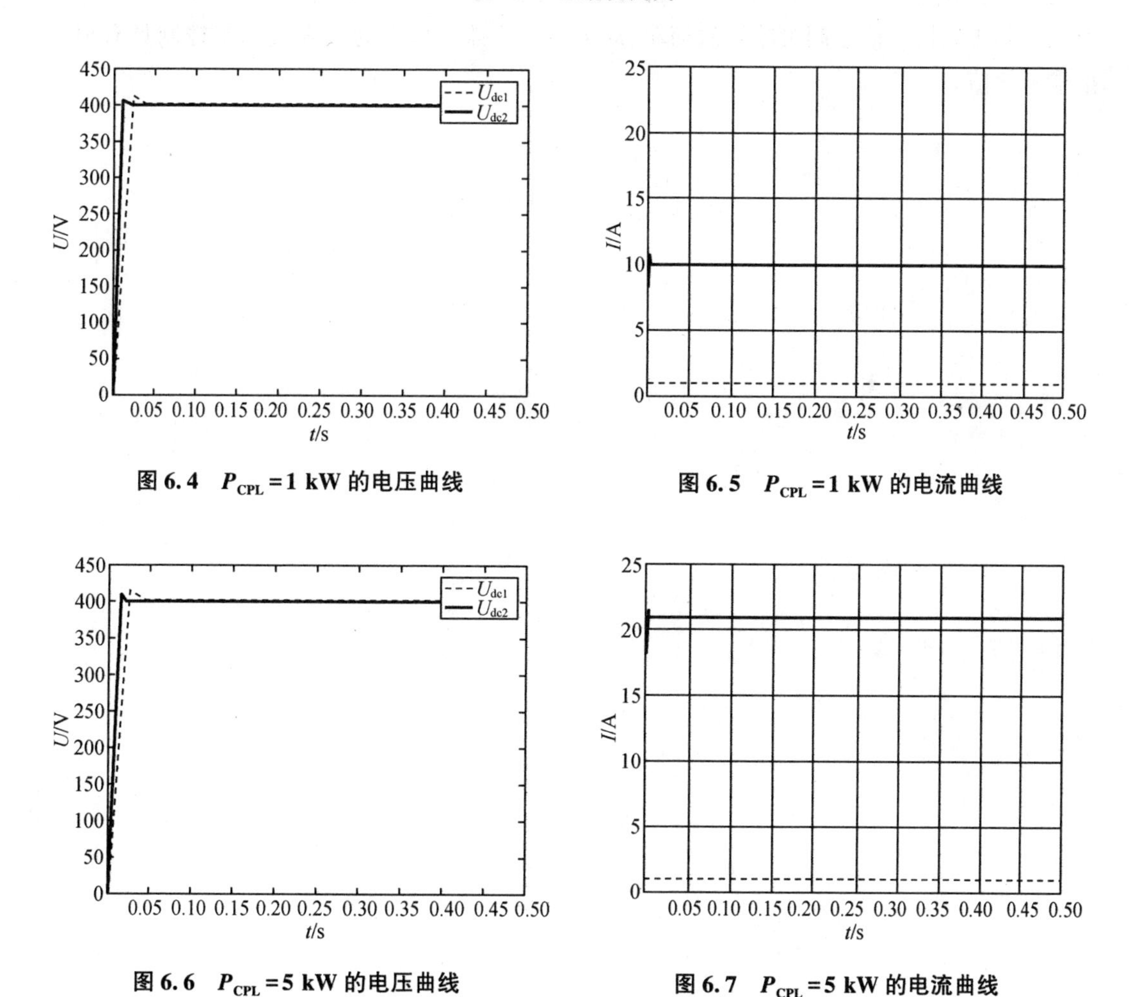

图 6.4　P_{CPL} = 1 kW 的电压曲线

图 6.5　P_{CPL} = 1 kW 的电流曲线

图 6.6　P_{CPL} = 5 kW 的电压曲线

图 6.7　P_{CPL} = 5 kW 的电流曲线

从仿真结果可以看出，在系统不确定性和干扰的影响下，直流母线电压会发生波动，但在滑模控制下，可以以较快的速度达到预期电压，具有较好的鲁棒性和抗干扰能力。将该控制方法与 PI 控制方法的控制效果进行比较，得到了最佳的动态响应。对比直流母线电压随负载变化的变化曲线可以看出,滑模控制对参数变化不敏感,直流母线电压的最大电压偏差满足直流微电网的要求,稳态偏差较小,可以保证对预期电压的准确、快速跟踪。但随着负载功率的增加,系统的响应速度变慢。

以上结果表明,反馈线性化和滑模变结构控制理论能够有效地处理直流微电网系统的非线性、不确定性和扰动,实现直流母线电压跟踪,保证系统的稳定性和鲁棒性。

6.5 本章小结

针对直流微电网系统的非线性特性,考虑到系统参数的不确定性和扰动,采用基于线性化反馈的滑模控制策略对直流母线电压进行控制,使其能够快速跟踪预期电压,保证系统的鲁棒性和稳定性。仿真验证了所提控制方法在双向直流微电网系统 DC/DC 转换中的有效性和正确性。该控制策略算法简单,对电力变流器工作点的大规模稳定控制具有很好的参考价值。

第7章 总 结

小天体探测任务由于探测器航行距离远、时间长和通信延迟,并且探测器在小天体附近的运动受到天体自旋、不规则引力、空间光压等各种复杂摄动力影响,最后的着陆过程持续时间相对较短、精度要求高。因此,探测器在小天体附近运动过程中的动力学模型非常复杂,需要自主控制技术来处理上述问题,控制技术水平直接关系着探测任务的成功与否。本书针对这一研究方向,基于相对位置的探测器下降着陆过程中的轨道控制问题、探测器绕飞和下降过程中的姿态抗干扰控制问题,以及最终着陆段的姿轨耦合控制问题,主要研究了小天体附近探测器动力学模型描述。本书的主要创新性工作和成果如下:

(1)针对小天体附近探测器运动特点,利用牛顿定律和相对微分原理,建立了小天体固连坐标系下探测器下降过程轨道动力学模型,其中小天体不规则引力采用球谐系数解析形式描述。并且针对此模型进行系统分析,考虑探测器下降小天体过程中存在的不确定性和扰动影响,设计了自适应 Terminal 滑模控制器,在滑动超平面的设计中引入了非线性函数,采用自适应律估计外界未知不确定性和扰动的参数,使得在滑动面上跟踪误差能够在有限时间内收敛到零,探测器在较短时间内跟踪期望下降轨迹并到达天体表面某一高度。

(2)利用坐标变换,表述了着陆点坐标系下探测器着陆过程轨道动力学模型,其中小天体不规则引力采用多面体逼近形式描述。考虑探测器着陆小天体过程中存在的扰动,并针对以上模型设计自适应在轨鲁棒跟踪控制,充分考虑自主制导的鲁棒性要求,采用动态平面控制技术的思想,解决退步法存在的计算复杂性膨胀问题,并使系统状态在预先给定的误差范围内渐进跟踪参考标称轨迹,实现在算法设计上简单快速。

(3)基于简化的小天体附近探测器运动的姿态动力学模型,分析了探测器在小天体附近绕飞过程中的三维姿态运动,找到顺行轨道和逆行轨道情况下探测器绕飞的稳定条件及绕飞稳定性与轨道半径的关系。考虑空间不确定和干扰力矩情况下,设计了鲁棒自适应反演滑模姿态跟踪控制律,使探测器在圆轨道绕飞小天体过程中的三轴姿态角能够稳定。

(4)基于小天体附近探测器运动的姿态动力学模型,研究了探测器下降小天体过程的鲁棒姿态控制律的设计问题。考虑探测器最终着陆段的任务特点,设计自适应双环滑模控制律,采用动态滑模思想,有效抑制外界不确定性和扰动,同时抑制控制振动,采用非线性干扰观测器在线观测外界扰动,使系统在受到较强干扰情况下依旧实现探测器下降过程中的姿态鲁棒跟踪。

(5)针对执行机构配置方案保证有足够的控制维数提供相对位姿变化,以六自由度姿轨耦合动力学模型为对象,基于反演控制思想,设计鲁棒自适应模糊控制策略,采用模糊系统逼近系统不确定性和扰动引起的部分模型,抑制系统不确定性和外界扰动。保证探测器在着陆时相对天体表面速度为零,探测器以垂直表面的姿态着陆。

(6)基于欠驱动姿轨耦合动力学模型和反演思想,提出了鲁棒自适应控制策略,并应用三角函数处理控制器设计中存在的非线性问题,使得探测器着陆过程中的位置和姿态达到期望值,并证明了闭环系统的李雅普诺夫稳定性。

(7)针对直流微电网系统在光伏等新能源接入对电压和功率的波动问题,基于反馈线性化理论,研究了一种用于双向 DC/DC 变换器直流母线电压控制系统的滑模控制器,用于快速跟踪直流微电网中的功率干扰,对系统参数变化和外部干扰具有良好的鲁棒性。仿真结果表明,所提出的控制策略在孤岛和并网工况下都能保证直流微电网的稳定性。

综上所述,本书通过对探测器绕飞、下降着陆小天体的运动行为分析,表述了探测器在小天体附近运动的轨道、姿态及姿轨耦合动力学模型,针对小天体附近复杂的动力学环境和干扰,在鲁棒控制、自适应控制、稳定性分析等方面取得了一些进展,并将提出的鲁棒控制方法推广到直流微电网协调控制中。结合在研究过程中的体会,作者认为以下问题有待进一步研究:

(1)小天体距离地球遥远,其实际形状比观测到的更加不规则,表面分布陨石坑,所以引力场计算非常复杂,目前的描述方法都不够精确或计算量太大。因此,采用系统辨识技术建立引力模型是值得深入探讨的。避开不规则引力模型,基于无模型的位置和姿态控制也是未来值得研究的方向。

(2)不确定性和光压等空间扰动对探测器在小天体附近运动的影响分析值得深入探讨,小天体翻滚运动、导航误差及控制执行机构的特殊要求等都需要设计具有较强鲁棒性的自适应控制器。

(3)本书提出的探测器欠驱动姿轨耦合运动的控制问题,应用三角函数数学变换并要求克服外界干扰,因此其仿真研究将更加复杂,有待做进一步研究。基于反演思想并结合非仿射非线性系统控制技术也是解决欠驱动姿轨耦合控制问题的一个途径。

(4)探测器在小天体附近下降着陆过程中环境非常复杂,采用多项式制导方法不能准确描述探测器的运动轨迹,所以考虑燃料最优和障碍规避的探测器轨迹优化问题是小天体探测问题的热点和难点。

(5)随着风、光等新能源在电力系统中的占比逐渐提高,以电力电子为接口的并网设备显著改变了传统电力系统的特性。由于可再生能源的随机性和电力电子装置的多尺度、耦合等特征,电力系统出现电力电子与电网交互作用产生的振荡相关的小扰动稳定性问题,该问题已成为制约新能源消纳,严重威胁电力系统稳定运行的重要因素。所以有必要通过分析电力电子化电力系统的振荡原理、稳定特性与动态特征,设计自适应鲁棒控制器,提高新能源消纳水平,促进电力电子装备与电力系统的深度融合。

参 考 文 献

[1] HUNTRESS W, STETSON D, FARQUHAR R, et al. The next steps in exploring deep space: a cosmic study by the IAA[J]. Acta Astronautica, 2006, 58(6/7): 304-377.

[2] BARUCCI M A, DOTTO E, LEVASSEUR-REGOURD A C. Space missions to small bodies: asteroids and cometary nuclei[J]. The Astronomy and Astrophysics Review, 2011, 19(1): 1-29.

[3] 徐伟彪, 赵海斌. 小行星深空探测的科学意义和展望[J]. 地球科学进展, 2005, 20(11): 1183-1190.

[4] YANO H, KUBOTA T, MIYAMOTO H, et al. Touchdown of the Hayabusa spacecraft at the Muses Sea on Itokawa[J]. Science, 2006, 312(5778): 1350-1353.

[5] SAITO J, MIYAMOTO H, NAKAMURA R, et al. Detailed images of asteroid 25143 Itokawa from Hayabusa[J]. Science, 2006, 312(5778): 1341-1344.

[6] PINILLA-ALONSO N, LORENZI V, CAMPINS H, et al. Near-infrared spectroscopy of 1999 JU3, the target of the Hayabusa 2 mission[J]. Astronomy & Astrophysics, 2013, 552: A79.

[7] 蔡金曼. 嫦娥-2 成功探测小行星[J]. 国际太空, 2013 (1): 23-24.

[8] 朱圣英. 小天体探测器光学导航与自主控制方法研究[D]. 哈尔滨:哈尔滨工业大学, 2009.

[9] LIANG C H, YUN Z. Methods for computing the gravitational potential of a small solar body[C]//Applied Mechanics and Materials, 2013, 241-242: 2787-2791.

[10] 刘林. 航天器轨道理论[M]. 北京: 国防工业出版社, 2000.

[11] HAWKINS M, PITZ A, WIE B, et al. Terminal-phase guidance and control analysis of asteroid interceptors[C]//AIAA Guidance, Navigation, and Control Conference, 2010(8):7982.

[12] ZHANG Z X, WANG W D, LI L T, et al. Robust sliding mode guidance and control for soft landing on small bodies[J]. Journal of the Franklin Institute, 2012, 349(2): 493-509.

[13] FURFARO R, CERSOSIMO D, WIBBEN D R. Asteroid precision landing via multiple sliding surfaces guidance techniques[J]. Journal of Guidance, Control, and Dynamics, 2013, 36(4): 1075-1092.

[14] LAN Q X, LI S H, YANG J, et al. Finite-time control for soft landing on an asteroid based on line-of-sight angle[J]. Journal of the Franklin Institute, 2014, 351(1): 383-398.

[15] 李爽，崔平远. 着陆小行星的滑模变结构控制[J]. 宇航学报，2006，26(6):808-812.

[16] 崔平远，朱圣英，崔祜涛. 小天体软着陆自主光学导航与制导方法研究[J]. 宇航学报，2009，30(6)：2159-2164，2198.

[17] 高艾，崔平远，崔祜涛. 基于约束规划的小天体接近段鲁棒制导控制方法[J]. 系统工程与电子技术，2012，34(5)：989-995.

[18] CUI P Y，QIAO D. The present status and prospects in the research of orbital dynamics and control near small celestial bodies[J]. Theoretical and Applied Mechanics Letters，2014，4(1)：7-20.

[19] 刘克平，曾建鹏，赵博，等. 基于 Terminal 滑模的小行星探测器着陆连续控制[J]. 北京航空航天大学学报，2014，40(10):1323-1328.

[20] 章仁为. 卫星轨道姿态动力学与控制[M]. 北京:北京航空航天大学出版社，1998.

[21] HERVAS J R，REYHANOGLU M，DRAKUNOV S V. Three-axis magnetic attitude control algorithms for small satellites in the presence of noise[C]//Control，Automation and Systems (ICCAS)，2012 12th International Conference on IEEE，2012：1342-1347.

[22] KUMAR K D. Attitude dynamics and control of satellites orbiting rotating asteroids[J]. Acta Mechanica，2008，198(s1-2)：99-118.

[23] REYHANOGLU M，KAMRAN N N，TAKAHIRO K. Orbital and attitude control of a spacecraft around an asteroid[C]//Control，Automation and Systems (ICCAS)，2012 12th International Conference on IEEE，2012：1627-1632.

[24] LIANG C H，LI Y C. Attitude analysis and robust adaptive backstepping sliding mode control of spacecrafts orbiting irregular asteroids[J]. Mathematical Problems in Engineering，2014(8):367163.1-367163.15.

[25] WANG Y，XU S. Analysis of gravity-gradient-perturbed attitude dynamics on a stationary orbit around an asteroid via dynamical systems theory[C]//AIAA/AAS Astrodynamics Specialist Conference，2012：1740-1749.

[26] WANG Y，XU S J. Equilibrium attitude and stability of a spacecraft on a stationary orbit around an asteroid[J]. Acta Astronautica，2013，52(8)：1497-1510.

[27] WANG Y，XU S J. Gravity gradient torque of spacecraft orbiting asteroids[J]. Aircraft Engineering and Aerospace Technology，2013，85(1)：72-81.

[28] WANG Y，XU S J. Attitude stability of a spacecraft on a stationary orbit around an asteroid subjected to gravity gradient torque[J]. Celestial Mechanics and Dynamical Astronomy，2013，115(4)：333-352.

[29] 彭智宏，穆京京，张力军，等. 基于对偶四元数的航天器相对位置和姿态耦合控制[J]. 飞行器测控学报，2013，32(6)：549-554.

[30] 王剑颖，梁海朝，孙兆伟. 基于对偶数的相对耦合动力学与控制[J]. 宇航学报，2010，31(7)：1711-1717.

[31] WU J J，LIU K，HAN D P. Adaptive sliding mode control for six-DOF relative motion of spacecraft with input constraint[J]. Acta Astronautica，2013，87(6/7)：64-76.

[32] 吴锦杰，刘昆，韩大鹏，等. 欠驱动航天器相对运动的姿轨耦合控制[J]. 控制与决策，2014，29(6)：969-978.

[33] LEE D, SANYAL A K, BUTCHER E A, et al. Almost global asymptotic tracking control for spacecraft body-fixed hovering over an asteroid[J]. Aerospace Science and Technology, 2014, 38(10): 105-115.

[34] 刘林,胡松杰,王歆. 航天动力学引论[M]. 南京:南京大学出版社, 2006.

[35] 张振江，崔祜涛，任高峰. 不规则形状小行星引力环境建模及球谐系数求取方法[J]. 航天器环境工程，2010，27(3)：383-388，267.

[36] 张振江. 近小行星轨道动力学研究及其在引力拖车中的应用[D]. 哈尔滨:哈尔滨工业大学，2011.

[37] HUGHES P C. Spacecraft Attitude Dynamics[M]. New York: John Wiley & Sons, 1986.

[38] 刘墩，赵钧. 空间飞行器动力学[M]. 哈尔滨:哈尔滨工业大学出版社,2003.

[39] 袁国平. 航天器姿态系统的自适应鲁棒控制[D]. 哈尔滨:哈尔滨工业大学，2013.

[40] 郭敏文. 航天器姿态控制的干扰抑制问题研究[D]. 哈尔滨:哈尔滨工业大学，2010.

[41] SCHEERES D J. Orbital mechanics about small bodies[J]. Acta Astronautica, 2012, 72(3/4): 1-14.

[42] 刘金琨. 滑模变结构控制 MATLAB 仿真[M]. 北京:清华大学出版社,2005.

[43] 胡剑波，时满宏，庄开宇，等. 一类非线性系统的 Terminal 滑模控制[J]. 控制理论与应用，2005，22(3)：495-498,502.

[44] 周丽，姜长生. 改进的非线性鲁棒自适应动态面控制 [J]. 控制与决策，2008，23(8)：938-943.

[45] 崔祜涛，史雪岩，崔平远，等. 航天器环绕小行星 Ivar 的运动分析[J]. 宇航学报，2004，25(3)：251-255.

[46] 雷静. 月球探测器月面软着陆姿态控制系统的研究[D]. 西安:西北工业大学，2006.

[47] 刘晓伟. 登月飞行器软着陆末端姿态控制[D]. 哈尔滨:哈尔滨工业大学，2007.

[48] 吴玉香，胡跃明. 二阶动态滑模控制在移动机械臂输出跟踪中的应用[J]. 控制理论与应用，2006，23(3)：411-415，420.

[49] LIU Z H, WANG J J. Robust backstepping control for flight motion simulator based on nonlinear disturbance observer[J]. Journal of System Simulation, 2008, 20(19): 5354-5357.

[50] 张元涛，石为人，邱明伯. 基于非线性干扰观测器的减摇鳍滑模反演控制[J]. 控制与决策，2010，25(8)：1255-1260.

[51] 吴云华，曹喜滨，张世杰，等. 编队卫星相对轨道与姿态一体化耦合控制[J]. 南京航空航天大学学报，2010，42(1)：13-20.

[52] JI L, LIU K, XIANG J H. On all-propulsion design of integrated orbit and attitude control for inner-formation gravity field measurement satellite[J]. Science China Technological Sciences, 2011, 54(12): 3233-3242.